PUHUA BOOKS

我
们
一
起
解
决
问
题

Resilience By Design

How to Survive and Thrive in a Complex and Turbulent World

你的韧性
超乎你的想象

[英] 伊恩·斯内普（Ina Snape）
[英] 迈克·威克斯（Mike Weeks）◎著

赵 彤◎译

人民邮电出版社
北　京

图书在版编目（CIP）数据

你的韧性超乎你的想象 / （英）伊恩·斯内普
(Ina Snape)，（英）迈克·威克斯（Mike Weeks）著 ；
赵彤译. -- 北京 ：人民邮电出版社，2024.2
ISBN 978-7-115-62983-8

Ⅰ. ①你… Ⅱ. ①伊… ②迈… ③赵… Ⅲ. ①成功心
理—通俗读物 Ⅳ. ①B848.4-49

中国国家版本馆CIP数据核字(2023)第195191号

内 容 提 要

如果压力和焦虑是 21 世纪的全球"流行病"，那么塑造韧性就是治愈之道。韧性不是新事物，
也不是你需要补充的品质，它已经在你体内了，你需要发掘并重塑这种品质，这个过程需要你精心
的设计。

本书就是你塑造韧性的操作手册，它基于神经科学、心理学、认知科学、哲学等学科的研究和
理论基础，提供了有关压力、认知、情境、心流、生活方式等 12 条智慧，全面给出了塑造韧性的
建议与技巧。本书每一章都涵盖了不同领域中的"韧性精英"的实际案例，以及获得韧性的实操步
骤。全书配有生动的插图和漫画，可以让你的韧性之旅更加富有创造性和趣味性。

尤论你是团队或组织的领导者，还是家庭或社会中的普通一员，你都可以使用本书中介绍的技
巧塑造韧性。

◆ 著　　　[英] 伊恩·斯内普（Ina Snape）
　　　　　[英] 迈克·威克斯（Mike Weeks）
　　译　　赵　彤
　　责任编辑　田　甜
　　责任印制　彭志环

◆ 人民邮电出版社出版发行　　　　北京市丰台区成寿寺路 11 号
　邮编 100164　电子邮件 315@ptpress.com.cn
　网址 https://www.ptpress.com.cn
　三河市中晟雅豪印务有限公司印刷

◆ 开本：889×1194　1/24
　印张：11.83　　　　　　　　　　2024 年 2 月第 1 版
　字数：200 千字　　　　　　　　2024 年 2 月河北第 1 次印刷
　著作权合同登记号　图字：01-2022-1878 号

定　价：59.80 元
读者服务热线：（010）81055656　印装质量热线：（010）81055316
反盗版热线：（010）81055315
广告经营许可证：京东市监广登字 20170147 号

前言

压力是一种全球"流行病"

盖洛普咨询公司（Gallup）2020 年度《全球情绪状况报告》显示，全球受访者的压力、悲伤、愤怒和恐惧这四项负面情绪指标均上升至最高水平，其中，压力的上升幅度最大，较 2019 年上升 5 个百分点。有超过半数的国家或地区的受访者的压力水平上升，有 21 个国家的受访者的压力上升幅度较上一年增加 10%。

如果压力是 21 世纪的全球"流行病"，那么塑造韧性就是治愈之道。韧性是指准备、应对和适应变化的能力。在危机时期，它能帮助个人、团队、企业甚至国家应对挑战、困难、动荡及灾难，抵御逆境并从逆境中反弹，进而恢复、重建并蓬勃发展。有韧性的人以智慧的方式理解自己、他人及外部世界。

社会的高速发展往往会伴随着动荡，人类的快速进化也往往会伴随着缺陷。每个人的一生似乎注定要经历起伏、悲喜、得失、健康与疾病，以及压力、重建等。人们常说"众生皆苦"，我们认为不是这样的！有科学证据表明，我们可以创造更好的生活，并变得更能适应生活中的起起落落。每个人都有能动性，可以塑造不断演变的身份、生活方式和所处的环境。

据报道，在全球范围内，压力、倦怠、焦虑、抑郁，以及许多相关疾病都在增多。然而，正如我们将要揭示的，我们总是可以选择如何应对压力、越来越大的需求和不确定性。

塑造韧性不仅是为了满足不断变化的工作需求，韧性还可以改善生活的各个方面。人类在享受生活美好的一面时，必然也要学会在阴暗面生存、复原和发展。

阅读本书，你也能成为"韧性精英"

我们在世界各地的各种情境下向成千上万人进行了演讲、培训和指导，其中包括在人道主义救援期间、在南极洲的极端环境下、在亚马孙丛林中等。从海地的贫民窟到跨国企业的董事会会议室，我们帮助世界各地的人培养韧性。

在这些不同的领域中，我们研究和采访了脱颖而出的个人。我们称这些人为"韧性精英"，他们包括登山向导、奥运会冠军、特种部队士兵、医护工作者、狱警、前线救援人员、企业家、科学家等。我们一次又一次地发现了一个事实：我们生存和繁荣的程度完全取决于我们如何看待自己和周围的世界。

韧性取决于我们获取行为模式的能力，这些行为模式使我们能够感知、响应、适应不同情境，并在盛宴和饥荒、平静和混乱中茁壮成长。

这本书是基于大量证据而写出的韧性操作手册。它在神经科学理论与日常生活的实用技巧之间架起了一座桥梁。无论你是团队或组织的领导者，还是家庭或社会中的普通一员，你都可以使用这本书中介绍的技巧培养自己的韧性，并帮助周围的人变得更有韧性。

当你在阅读这本书时，你将学习如何以不同的方式看待世界，如何在工作和其他情况下以不同的思维和行为模式解决问题。无论你想给富有挑战性的家庭生活带来韧性，还是你想在某个领域出类拔萃，这本书都会对你有所帮助。你可以从头至尾通读本书，也可以随意翻阅，找到能吸引你的故事。

本书特色

1. 包含大量的实际案例

这本书中的所有案例都反映了在压力下或危机中工作时，有韧性的实践者的实际行动。

2. 以科学理论为基础，以实际建议为先导

我们介绍了来自神经科学、心理学、神经语言学、认知科学和哲学的知识，这些领

域有助于我们理解从业者的实际工作。我们以科学理论为基础，以实际建议为先导。我们认为，许多已经发表的韧性理论与实际应用脱节。我们更重视你是否能够将书中内容运用到实际生活中，而不是你掌握了多少塑造韧性的理论和方法。

3. 以有效的证据为支撑

我们在本书中提出的技巧经过了大量尝试和测试，我们收集了个人、团队和组织中的有效性证据。

通过书中介绍的技巧，每天只需 5 分钟，你就能开发出全新的思维技能。通过练习，你会发现当你再次需要应对压力、焦虑或困惑时，这些技巧会自然而然地为你所用。

4. 以图文并茂的方式让你享受韧性之旅

本书包含大量的插画、漫画、思维导图等，让你轻松地开启这段有趣的旅程。

无论你目前处于压力和韧性之间的哪一个阶段，我们都希望这本书能够激励你以及你周围的人，帮助你们对生活和选择承担责任。只有担起责任，我们才能努力过上有韧性的生活。

请你深呼吸，忘记所有你此前对于压力的了解，切换为一种好奇的模式，我们会向你展示如何通过设计培养出属于你自己的精英级韧性。

目录

03 —

改变思考与行为模式

韧性的核心是做出正确决策的能力。我们在行动前应该先做出决定，在做出决定前应该先进行判断，而在做出判断前，应该先进行观察。这个过程有助于改善我们的思考与行为模式。

04 —

调整状态   071

塑造一个充满韧性的身心系统的关键在于学会调整状态，有时我们只需要调整身体姿势和关注呼吸就能轻松做到这一点。

05 —
转换认知视角

在自我、他人及观察者这三种视角之间进行转换是具有韧性的人的一项必备技能。

06 —
重视情境因素

人们常常把注意力放在鱼身上，而不是鱼所在的水上。我们不能仅从个人因素中寻找导致某些行为的原因，而是要重视情境因素的综合影响。我们与情境的关系对韧性至关重要。

07 —

识别信号

我们的潜意识不断地发送信号，引导我们走向自己需要的东西并远离威胁。我们要做的就是不要忽视任何信号、避免认知偏差干扰信号，以及理解信号背后的意图。

08 —

建立内在动机

内在动机是韧性的关键属性，当我们能"选择去做"某事，而不是"不得不做"时，就是拥有内在动机的表现。

09 —

发展重构技能

我们的生活并不像一堆摇摇欲坠的积木，通过设计，它可以以一种稳定且坚韧的方式被重构。

10 ——

塑造心流时刻　　203

只有做与不做，没有尝试。任何尝试、忧虑或对成功的过分关注都是与心流相悖的。

11 ——

刻意暂停　　218

会努力，更要会休息。有时，暂停是为了走得更远。

12 —

设计生活方式   239

无论我们的设计是可预测性的还是充满不确定性的，我们都要为甜蜜的惊喜及痛苦的失望做好准备。

01 —

正视压力

压力本身无害，只有当你相信压力对自己有害时，它才会有损韧性。

何谓压力

20 世纪初，汉斯·萨尔耶（Hans Salye）医生将术语"压力"归类为一种"生物反应"并使之广泛应用。在此之后，"压力"的最初概念与含义都发生了变化。

当我们在描述健康状况以及我们与外部世界的关系时，尤其是在描述我们所处的环境时，经常会误用甚至滥用"压力"一词。

世界卫生组织对于职场压力有一个简明的定义：

职场压力是人们面对与自身的知识和能力不相匹配的工作要求，且当自身的应对能力面临挑战时，人们可能表现出的反应。

压力通常用来描述某些特定**原因**或特定**环境**，例如，"职场充满压力"或"高速公路上的通行压力较大"。

压力常用于描述**影响**、受伤机制或行为过程。例如，"他快把我逼疯了"或"我被堵在路上了"。

压力还可以用来描述**效果**，即能感觉到的某种存在状态。例如，"我觉得我要爆炸了"。

因此，精神紧张是人们在面对外界压力与需求时做出的反应，这不过是我们可能表现出的一系列反应中的一种。研究表明，来自职场或其他情况的压力、需求与精神紧张的发生之间存在因果关系。

本末倒置的职场压力观点

说到压力，人们通常认为外部环境与一个人的内部反应之间存在直接的因果关系。例如，澳大利亚国民健康保险制度（Medibank）曾对紧迫的工期或工作中的不安全感如何给人们造成压力进行了描述。

这种观点在有关压力的各种科学文献中也能寻得踪迹。研究表明，消防员罹患创伤后应激障碍的概率与他们目睹的死亡人数有关。疲劳综合征的发生则与重症监护室这一工作场所存在直接关联。这一关联清单仍在不断补充。我们由此得知，长期遭受虐待、近距离接触死亡与暴力、应对创伤与痛苦事件、遭受霸凌以及超负荷工作，这些都会引起精神紧张。

停业商户

上述观点认为精神紧张是外部因素导致的。以这种方式思考会将责任归咎于外部因素，并随之产生自己是受害者的想法，认为正是这些外部因素使人精神紧张。而这种观点忽视了人们在对外部刺激做出反应时，在无意识的创造性过程中个体选择所起的作用。

我们看待压力的方式不同。人们创造出有感觉的存在状态（情绪状态），然后将这些情绪状态称为压力。这种压力不是外在的，而是一种内在的、基于我们对世界的独特感知而产生的反应。

"压力"一词用在原因、环境、影响或机制方面并不恰当，它还以一种模棱两可的方式描述了人们为了应对挑战性环境而无意识地产生的各种状态。

有些人，尤其是那些认为压力有害并且是由外部环境引起的人，会产生一种状态，表现为胸部紧绷、血流不畅、血压升高，有些人还会出现高血压、心血管疾病甚至早衰。

还有些人则用"压力"一词来描述人们在面对挑战时的高度反应状态。"痛苦"与"紧张"这两个词常被用来描述这些反应，但其实每个人都在用各自的方法或以独特的方式制造出"压力"。

事实上，即使人们处在同样的环境或情况下，也会产生不同的反应。有些人即便是在面对霸凌、人身安全的威胁、创伤性事件甚至死亡时也能够妥善应对。然而，随着挑战或风险的增加，普通人在准备不足的情况下遭遇困难处境的可能性也在增加。

因此在遇到上述情况时，许多人会因为他们原本的韧性状态已经无力应对而感到痛苦，由此可见风险与压力之间存在关联性。

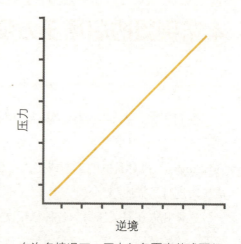

在许多情况下，压力与负面事件或职场风险因素之间存在很强的关联性，然而，这种关联性并非因果关系。更为重要的是，人们能够适应逆境并从中学习，而韧性自然也会随着经历或训练而有所提升。

相关性不等于因果关系

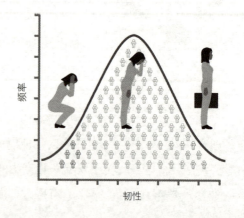

如果假定人口韧性水平的规律符合正态分布（又称高斯分布），那么我们将会得到三组数据（但很遗憾，专家们却用这些统计数据来对

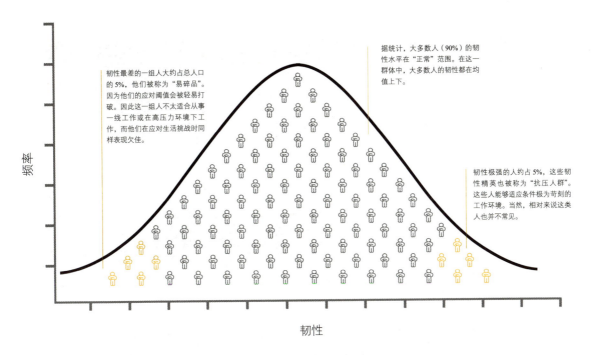

韧性最差的一组人大约占总人口的 5%，他们被称为"易碎品"。因为他们的应对阈值会被轻易打破。因此这一组人不太适合从事一线工作或在高压力环境下工作，而他们在应对生活挑战时同样表现欠佳。

据统计，大多数人（90%）的韧性水平在"正常"范围。在这一群体中，大多数人的韧性都在均值上下。

韧性极强的人约占 5%，这些韧性精英也被称为"抗压人群"。这些人能够适应条件极为苛刻的工作环境。当然，相对来说这类人也并不常见。

频率

韧性

"正常"进行定义，但对于某些情况特殊的人来说则会产生不利后果）。

重要的是，韧性水平并非一成不变。许多人都曾经历过韧性很强或很弱的时期。

生活方式中有损韧性的风险因素

多种有关生活方式的风险因素很容易累积起来，对韧性形成挑战。以职场环境为例。职场环境通常会抑制韧性的形成，这往往会导致失衡，即人们在职场中要面对的需求、压力、风险及威胁均超出了"正常"

职场风险因素

或"普通"员工的应对能力。

一些常见的职场风险因素包括：

- 超负荷工作；
- 工作资源不足；
- 职场霸凌；
- 身体健康遭受威胁；
- 目标不明确；
- 缺乏透明度；
- 不必要的社交；
- 长时间加班。

这些职场风险因素很容易叠加在一起。

近一半的一线员工报告称自己情绪低落、焦虑、紧张或患有创伤后应激障碍。虽然这些人的韧性大多属于"正常"范围，但是他们的工作环境超出了他们现有的应对能力。

有韧性的人能够打造出健康的职场和生活方式

我们认为，最好将"压力"一词仅限于描述个体的内部状态对外部世界的反应。当这个词被用来描述外部环境作为压力来源或起因，或者用来描述想象中的刺激与反应之间的因果关系时，就会产生误导。

以职场为例，如果职场与压力之间存在因果关系，那么很可能是负相关的关系。疲惫不堪的人会创造出高风险职场，而具有韧性的人则会打造出健康、有生产力的职场。

压力状态及韧性可以被视为复杂系统中产生的具体反应。学校、职场、家庭乃至购物中心都属于这个复杂系统，这些系统会基于它们与我们之间的互动而影响甚至改变我们的状态。

我们可以采取两种方法（最好是同时采取这两种方法）来消除压力并培养韧性。

（1）培训每个员工，使他们的反应更具韧性，并认识到这是一个内部过程。这样一来，具有韧性的员工范围就会扩大。

（2）减少生活方式和职场中的风险因素，如没有兑现的薪资承诺或不良的管理方式，从而降低个体培养韧性所需的阈值。

重要的是，那些可以调整情绪状态的有韧性的人最有可能创造出一种符合个人意愿的生活方式，而这样的生活方式还可以被周围人学习或复制。

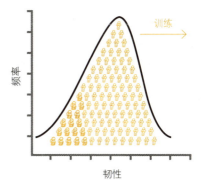

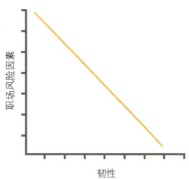

设计韧性

在本书中，我们将注意力从困境等无资源状态转移到韧性的概念上。

个人韧性是指准备、应对及适应变化的能力。你可能会面临一种渐进的变化、挑战、困难或伤害，也可能面临一种剧变或灾难。

　　有韧性的人会以一种独有的足智多谋的方式来感知外部世界。与抗压能力差的人相比，有韧性的人能够以恰当的方式和强度应对压力、焦虑、恐惧及其他不良状态，并进行有效的调试。

描述韧性状态的常用关键词有：情绪、自信、自控力、压力、急躁、冷静、兴奋甚至暴躁等。

- 如果将压力视作采取行动的信号，而且你也的确这样做了，那么压力对你来说就很有帮助。
- 如果焦虑提醒你为未来做好准备，而你也确实做好了准备，那么焦虑对你来说就很有帮助。
- 如果恐惧向你发出威胁的警告，而你以适当的方式谨慎地应对，那么恐惧对你来说就很有帮助。

幸福不是韧性与高绩效的必要条件

伊恩：前四局你都赢了，第五局时发生了什么？
卡门：我没有像往常那样做好心理准备。
伊恩：你当时在想什么？怎么没有以同样的方式做准备？
卡门：我感觉很好。
伊恩："感觉很好"是你发挥良好的前提吗？（长时间沉默）
卡门：不，我发挥最好的时候，其实感觉并不好，甚至感觉很糟糕。

——卡门·马顿（Carmen Marton）
三届奥运会选手，2013 年跆拳道世界冠军

　　然而，这些应对状态中的任何一种都可能表现过度，进而导致不良的后果。

　　我们所面临的挑战是发展出与环境相适应且反应强度符合当前需要的状态。当我们给状态贴上情感标签，甚至给状态做诊断时，我们所做的不过就是用一种"速记"的方式与他人交流。别人是否理解我们或如何理解我们总是取决于他们自身的经历。

　　有韧性的人表现出的状态范围非常广泛，因此他们能做出的回应范围可能同样非常广泛。你可以采取的应对措施越多，就越有可能在其中找到能够应对当前挑战与风险的措施。

　　如果自信到了自大的程度，或是过度坚韧，例如无论如何都死撑到底，则会导致灾

难性的失败。

本书开启了个人韧性的创造性过程。为了帮助读者做到这一点，我们希望通过引人入胜和深思熟虑的形式为读者提供一种经研究证实的实用方法。

四选项模型

为了让人们更好地理解自己在对环境做出反应时的关注点，我们创建了四选项模型。

1. 保持压力状态

第一个选项是保持压力状态。

选择对压力无所作为就是选择保持压力状态。尽管存在风险，但这是一个合理的选择。十大致死原因中有六个与压力有关。一味谴责外部环境且不愿为个人幸福承担责任，就如同还没购买彩票就期待中奖一样。

对一些人来说，在某种程度上保持压力状态可能对他们更有益。

这些反应通常是完全无意识的。不要将这些反应与有意识的操纵和为了个人利益而假装不健康混淆。

2. 培养适应力

第二个选项是培养适应力，这使我们能够开启各种足智多谋的状态，包括灵活、兴奋、自信、平静及满足。这甚至可能意味着暂时的愤怒或沮丧。

3. 改变外部环境

第三个选项是改变你的外部环境。在职场，这一点可以通过建设性地减少风险因素

（如不切实际的工作量或紧张的上下级关系）来实现。在你生活的社区，这可能意味着参与减少当地青少年犯罪率的宣传活动，或者打理社区花园。如果你已经发展出韧性，那么这个选项就会变得更容易，因为那些有韧性的人通常会更好地塑造自己周围的环境。

4. 离开

第四个选项是通过离开来改变外部环境。许多人在高韧性需求的岗位上工作时，很快就会发现新的选择和可能性，此时离职就成了一种非常有效的策略。

不要把离开和放弃混为一谈。离开意味着工作或生活地点发生了重大变化，但是能为自己的健康和福祉担起责任，这对培养韧性来说也非常重要。

无法回弹

我一直认为自己能处理好别人做不到的事情，而且挑战越大越好。然而，我把自己逼到了一个精疲力竭的地步，我不得不承认我就像一个泄了气的皮球，再也弹不回来了。

我问自己，我是否会彻底改变我的环境，或者我也像许多人一样，感觉被困住了且备感压力？

有些人的韧性水平太低，以至于出现了重大的心理健康问题。因此在问题出现之前，以坦诚的方式进行自我检查十分重要。

对我来说，精疲力竭、猜疑、焦虑和对失败充满恐惧，导致我的身体长期处于高度防御状态。我不再与家人和朋友共度美好的时光，我开始远离家人，因为我不想让他们经历我那天所经历的一切。我只要一回到家，就不想再谈论工作。经历一次就已经够糟糕的了，我实在不想和我的妻子再次提起了。

我开始失眠，也不再锻炼身体了。我没有做任何事情来保持韧性。我认为自己能挺过去，尽管早有迹象表明结局不会太好。

当我拉开"眼罩"，我看到很多机会向我敞开了大门。值得注意的是，身体和大脑从高压力和低韧性状态中恢复的速度是如此之快。值得注意的是，努力从床上爬起来迎接新的一天，可以赋予我新的能量。

通过参加心理健康计划，简单地改变呼吸节奏，我的信心得到了恢复，我不再整天感觉压抑和憋闷。

仅仅是学习正确地呼吸和集中精力，我就从中获得了令人难以置信的确信感。

职场人士往往回避谈论自己的精神状态，但弄清楚如何给气球充气这一点非常重要，只有如此，你才能再次反弹。

我请了六周的假，我需要六周的时间来确保自己做好了应对准备，明确了应对机制。假期里的每一天对我来说都很重要。这段休息的时间让我能够思考，当我回到工作岗位的时候，我能够游刃有余地开展工作。当我回归到那个没有太大变化的环境中时，我发现真正发生改变的是我自己，而不是环境。

实践

尽可能保持韧性

为了帮助人们更好地保持韧性，我们使用了一种提问方式。虽然语法略显奇怪，但它避免了用"但是"来表示否定，也避免了引入引导问题。这种提问方式既可以应用在个人身上，也可以应用于不超过12个人的小团队。

如果你希望在自己的团队或家庭中使用这种提问方式，那就请成员围坐成一个半圆。如果在这一过程中能有一位引导者来描述和提出发展性问题，那么效果会更好。

以下两个例子说明了如何用明确的问题来揭示"尽可能保持韧性"的方法。

第一步

问：当你的韧性恢复到最佳状态时，是什么样子的？

答：我就像漫步在丛林中。这是一种运动的状态，一种和熟悉的人一起去某处的感觉。

第二步

问：当你处在一种运动状态时，你可能会拥有一种想要去某个地方的感觉，关于在丛林中漫步，你还有其他感受吗？

答：很有意思，充满活力，这种不知道接下来会发生什么的感觉让我很舒服。

第三步

问：你看到或听到了什么使你感到既有趣又有活力？

答：我直起身子［示范姿势］，行动起来［示范姿势］，与他人交往。

第一步

问：当你的韧性恢复到最佳状态时，是什么样子的？

答：就像一只猫，慵懒、放松。

我可以想象自己在一天结束后放松下来，任别人处理他们自己的问题。我能像猫一样独立又满足。按照自己的意愿，随时关掉电源。

第二步

问：当你把别人的问题留给他们自己时，想象自己在一天结束时放空一切，让事情顺其自然，这是一种什么感觉？

答：我不需要解决任何问题，我不需要考虑别人的问题。我知道每个人都是自己生活里的专家，而我也能接受这一点。

第三步

问：当你接受上面的观点时，这种接受是什么样的感觉呢？

答：这是自由！

第四步

问：当你由衷地接受并感受到自由时，你看到或听到了什么？

答：这感觉就像我是一个快乐的大球［示范姿势］，可以自由呼吸［示范呼吸］。

实践　**你需要什么样的支持**

第二步

问：当你带着地图准备踏上征途时，什么样的人才是合适的陪伴人选？

答：我们可以自由地讨论现在身处何处，以及可能会走向哪里。他会很尊重我，在我需要休息的时候让我休息，我们会一起走完全程。

第一步

问：当你恢复到最佳状态时，你就像是在丛林中漫步，有一种和熟人一起去某处的感觉，既有趣又充满活力，虽然你不知道接下来会发生什么，但却毫无不适感，你需要什么支持？

答：我需要知道前进的方向，我需要一张地图，我需要休息以便保持体力，我需要合适的人在旅途中陪伴我。

第三步

问：合适的人会相互尊重、相互扶持，那么当遇到岔路口时，你们会怎么做呢？

答：我们会团结协作，有时我们会休息，有时我们会讨论究竟该走哪条路。

第一步

问：当你处于最佳状态时，想象自己是一只猫。在一天结束时，把他人的问题留给他们自己解决，你可以随时关掉"电源"，你能接受一切，感受自由，那么此时你需要什么样的支持？

答：我需要独处的时间，做出合理的计划。我需要来自亲人和同事的支持。

第二步

问：当你需要独处的时间、合理的计划、亲人和同事的支持时，你是如何看待他们的支持的？

答：我知道他们支持我，我们可以快速解决分歧。当我们一起解决分歧时，始终保持着开放和冷静的态度。

第三步

问：当你有了这种精神支持[示范手势]时，你会怎么做？

答：我们平静地交谈，或者我一个人静静地待着，不受外界干扰。

留出学习空间

> 在刺激与反应之间，存在着一个空间。在这个空间里，我们的力量决定了我们的反应，而我们的成长和自由则诞生于这种反应。
>
> ——斯蒂芬·科维（Stephen Covey）

有时，我们能够在刺激和反应之间创造足够的空间和时间。在这些情况下，我们可以考虑各种选择并制定替代方案。然而，在一个节奏越来越快且愈加复杂、动荡的世界中，我们还需要训练无意识或直觉性的、条件反射式的反应模式。

一种普遍的观点是，反应无论是理性的还是直觉的，都是最好的。在本书中，我们对这种二元制、非黑即白、是非分明的归类方式提出疑问。我们认为，许多具有韧性的反应模式更加微妙，往往是一种理性与直觉相结合的建设性融合模式。

重要的是，建设性融合模式并不一定意味着和谐。有时，当两种不同的思维体系之间存在矛盾时，便会使人们犹豫，不愿经历冲突，哪怕只是短暂的冲突。我们还挑战外部世界的二元观点，它很少是非黑即白的；相反，它拥有丰富的色彩。

因此，韧性并不是一种静态特征，它是一个主动的且不断发展的提问、发现和学习的过程。这是一个对内部反应进行校准的过程，在这个过程中，我们对不断变化的外部世界进行模式切换。

我们相信，韧性的某些方面是与生俱来的，这是我们从父母那里承袭而来的长期或短期进化轨迹的一部分。当我们发展自己的机制时，我们会更多地关注有意义的表观遗传和行为选择。在每一个十字路口，我们都有机会以灵活的方式来塑造自己和周围的环境。

有时，刺激与必要反应之间不过相差几分之一秒。即使是在瞬间，我们也可以进行预判，为下一步的反应或选择做好准备。

O2 ——

构建意义

重塑韧性的方式不在于如何寻找客观真理，而是探索并创造出具有韧性的有用感知与反应。

通过经验学习

反对现实的理由

权衡看法

感官过滤

我们只能看到自己想要关注的事物

大猩猩实验的延伸

痛苦是真实的，一切都在头脑中

"当下"会持续多久

当下，你的注意力在哪里

记忆与感官

了解你自己

隐喻是意识与无意识之间的桥梁

玩线团的猫

扣人心弦的叙述

这真的是你最后的机会吗

通过经验学习

进化为我们提供了一种预先编程的能力，帮助我们在自己的世界中巡游，以便更好地理解世界。

我们的社会充斥着高速而庞大的感官信息流，而包括人类在内的所有动物都能够捕捉这种信息流。人类进化出感觉系统，能够有选择地过滤这些信息，以提供生存优势。这种对生存的关注是需要我们付出代价的。我们的判断力常常基于不完整的数据，因此它并不那么可信。

早在我们出生之前，感觉系统便已经大展拳脚了。胎儿在母体内时，便能识别出母亲的声音，能够学习并形成记忆痕迹，而胎儿出生后便能够检测到这些痕迹。新生儿长到一个月左右时，如果有东西移向眼前，婴儿便会眨眼；到一岁时，就可以构建出一个视觉世界并在其中畅游，他们甚至可以感知哪些东西可以入口，而哪些不可食用。

随着我们的感觉系统积累了越来越丰富的经验，我们的校准系统也有所改进。即使信号微弱，我们也能尽快地检测到模式。这种模式检测可以让我们有更多的时间进行评估和响应。

在遥远的过去，这一点可能有助于我们在非洲大草原的茂密草丛中，感知潜藏着的食肉动物。对大多数人来说，这一机制时至今日依然在起作用。较为常见的可能是留意到某个犹豫不决的司机，在没有打开转向灯的情况下直接切换车道时，可能会做出的细微动作。

这种学习完全是无意识的，而非经过正规教育习得而来。正如唐纳德·霍夫曼（Donald Hoffman）所言："父母不会坐在孩子身边，耐心地解释如何借助动作和立体透视来构建深度，或者该如何在视觉世界中构建物体。"事实上，大多数家长自己也不知道如何做到这一点。孩子们的理智是自然形成的。

与生俱来的生物程序使我们都能通过经验学习。这种学习形式为行为模式的改变提供了关键线索。对本书来说，更重要的是，我们能够通过设计来培养韧性。

意义构建和学习带来的挑战是，每个人对现实都有着独特的诠释或再现方式。而我们所谓的"地图"，即我们在内心世界绘制外部世界的方式，都是不同的。有时这些方式几乎相同，但有时它们又会表现出差异。

下面这个简单的练习，可以帮助我们更好地理解这一点。

下次你和家人或朋友去旅行时，请他们每个人画出路线图，并尽可能详尽地画出旅途中观察到的事物。

如果有人在途中感到饥饿，那么他可能会想起面包店；如果司机一直在留意油表，那么他便可能会注意到加油站；如果有人感到无聊，那么他可能会回忆起一条漫长曲折的路。

这段旅程有太多的潜在兴趣点，你无法事无巨细地描绘。我们会将那些与我们内在现实无关的东西全部过滤掉，进而呈现出一种显著的偏向性（对我们来说很重要的信息）。

关于韧性，重要的是要认识到，现实地图过于详尽并不一定更有用。毕竟，我们有足够的理由通过进化对无法被详细记录的信息流进行过滤。如果我们不能通过这种方式对信息流进行过滤，那么我们就会被超量的数据淹没，无法检测出生活中的关键模式并予以响应，就像意识不到潜伏的狮子或犹豫不决的司机。

反对现实的理由

已故人类学家格雷戈里·贝特森（Gregory Bateson）认为，人类不可能知道现实是什么。我们完全依赖感官。虽然我们的眼睛、耳朵及其他感觉器官能够充分地向我们反馈信息，但这些信息只能绘制出一幅不完美的现实地图。

贝特森认为，地图的用处并不在于其真实性。地图发挥作用，只需其结构与领域结构保持一致。

地图与领土不同。那么，领土是什么呢？从操作上讲，人们用肉眼观察并运用测量工具做好标记，在纸上记录。纸制地图上是绘制者看到的表象，当你对这个问题进行反向思考时，你会发现一个可以无限回归、无穷展现的地图。这片领土从未有人进入，表象的过程往往会将其过滤掉，如此一来，心理世界就只是一幅无限的地图。

——格雷戈里·贝特森

在反现实的案例中，认知科学家唐纳德·霍夫曼认为，地图结构与现实结构相匹配并非好事。对霍夫曼来说，配比的真实性更重要。

霍夫曼将数学模型和博弈论与达尔文的自然选择学说联系起来，认为我们的认知进化是为了发现传递进化优势的模式，而从进化的角度来说，拥有更加真实的地图其实是一种劣势。

从韧性的角度来看，那些努力将自己的信仰建立在现实依据基础上的人似乎并没有对压力免疫。与那些迷信神的护佑或沉迷占星术等倾向于魔幻思维的人相比，他们甚至不会表现出任何进化优势。

> 这是你的最后一次机会，错过就再也无法回头了。如果你选择蓝色药丸，那么这个故事就此结束，你会在自己的床上醒来，继续相信你愿意相信的一切。如果选择红色药丸，那么你可以继续留在仙境，你会看到兔子洞到底有多深。
>
> ——《黑客帝国》（*The Matrix*），墨菲斯（Morpheus）

人们常说，无知是福！

"吞下红色药丸"已经成为一个流行的隐喻，比喻那些秉持着"基于证据而自由思考"的态度的人。

无论结论多么难以接受，红色药丸要求我们接受证据告诉我们的一切。

就意义构建和韧性而言，我们邀请你吞下红色药丸，是指我们永远不可能知道绝对的现实。我们永远无法确切地掌握"真相"。

本书的重点不是寻找客观真理。相反，我们想要探索并创造出具有韧性的有用感知与反应。

权衡看法

收益

我们的感官经过设置可以对模式进行检测，并将不符合模式的内容过滤掉。

我们对感官检测到的信息进行编码是主观行为，并不客观。因此，我们可以为了自己的利益而对其进行操控。如果愿意，我们可以改变编码，对记忆的形成方式以及在给过去事件赋予意义的方式上进行细微调整。

成本

能够快速对模式进行检测是需要付出代价的：我们只能看到自己想要寻找的目标。这就是所谓的无意盲视，即忽视，魔术师也正是利用这一点来骗过我们的。

具有讽刺意味的是，随着我们在某件事上变得越来越专业，反而越容易出现这种忽视的现象。我们的注意力变得越来越差，也越来越迟钝。我们忘记了如何保持好奇心。

忽视

在发展韧性时，我们必须认识到，忽视会让我们错过变化或新的差异。如果我们能够改善对世界的认知，就可以更好地对情境进行评估，进而为我们的情绪状态和决策创造更多的选项。

经过精度校准的外部世界和内部世界，有助于我们在模式早期或信号还很微弱时进行模式检测。这让我们有更多的时间在刺激与反应之间做出选择。

感官过滤

我们以视觉光谱为例，来说明人类的一些固有偏见。

就视觉而言，肉眼所见实际上非常有限。我们的可见光谱带宽很窄——在可见光谱中为 400 ～ 700 纳米。由此产生了三原色——红色、绿色和蓝色。

相比之下，狗只能看到黑白两色。它们眼中的世界非常不同。它们在分辨颜色方面所表现出的缺陷，在低感光度方面得到了弥补——它们的夜视能力是人类的 6 倍。

当我们记忆、想象或幻想时，我们的视觉系统也会参与到创造过去或未来的内在表征的过程。这些图像可以是移动的或静止的，也可以是平面的或立体的，还可以是彩色的或黑白的，或者以其他多种微妙的方式变化，这与视频编辑软件所提供的难以置信的灵活性相似。

观察右图并思考以下问题。

（1）你在图中看到了什么？

（2）根据你看到的，你可以推断出什么？

（3）针对此图，你会讲出什么故事？

现在请看右图并思考以下问题。

（1）你在图中看到了什么？

（2）根据你看到的，你可以推断出什么？

（3）针对此图，你会讲出什么故事？

第二幅图的画面看起来与第一幅图截然不同。现场喷洒了一种名为鲁米诺的化学物质，当它与血液接触时经过紫外线的照射会发出荧光。现在，这幅图呈现的就是一个截然不同的故事了。

你真的能相信自己的感觉吗？

我们只能看到自己想关注的事物

文化或信仰偏见是一种能够对我们的感知进行过滤，并导致忽视现象的因素。

澳大利亚人在描述下图时，最常见的反应是：房间里坐着一家人，还有一条狗……有时还可能会认为，这家人养了一只看起来很像袋鼠的狗。

当将场景设定为非洲时，回答则大多是：这一家人坐在树下，其中一个女人的头上还顶着一个盒子。

这一家庭场景可以衍生出千差万别的故事和推论。一些人会对家庭情况做出推断，例如谁喜欢谁，以及这几个人之间的关系。还有一些人则指出了一些线索，可以暗示这个家庭的社会经济地位。

我们已经证实，视觉系统构建出了一个对我们最有用的现实版本。它无法一次性地吸收全部信息，所以它的过滤方式会受到人眼细胞水平，以及我们的文化、社会及经济背景的强烈影响。

关于忽视有一个绝佳的例子，名为"看不见的大猩猩"实验。

最初的实验是由丹尼尔·西蒙斯（Daniel Simons）及克里斯托弗·夏布里斯（Christopher Chabris）设计的。在实验中，被试被分为两组，一组被试穿白色衣服，另一组被试穿黑色衣服，他们在随机移动的同时来回传递篮球。观察员的任务是计算出穿白色衣服的被试传球的次数。

约有一半的观察员全神贯注于计数的任务，因此并未注意到有人扮成大猩猩的样子走进人群，对着摄像机拍打胸部，然后离开。大猩猩在屏幕上出现了将近 9 秒。

在一项后续研究中，同一批研究人员对那些知道可能会发生意外事件的人进行探究，试图发现他们是否更善于留意其他意外事件。第二个视频中同样是穿黑色衣服和白色衣服的两组被试在随机移动，规则不变且同样出现了一只捶胸顿足的大猩猩。

在原来知晓大猩猩会出现在视频中的这些人里，只有 17% 的人注意到了其他一个或两个意外事件，如窗帘的颜色发生了改变，或是有其他人走出来；而不熟悉原始大猩猩视频的人有 29% 留意到了这些细节。

这项研究表明，即使我们已经准备好应对可能会出现的突发事件，也无法显著提高我们对突发事件的识别能力。人们只会看到自己所关注的事物。换句话说，人们总是对预料之外的事物视而不见。

大猩猩实验的延伸

> 处理忽视的现实是在复杂系统中更好地进行意义构建的核心科学的一部分。
>
> ——戴夫·斯诺登（Dave Snowden）

作为大猩猩实验的延伸，研究人员对在一线工作的护士进行了跟踪实验。研究人员要求 24 名放射科医生（X 线检查领域的专家）执行一项肺结节检测任务，并在 X 线影像中插入了一张比常人结节大 48 倍的大猩猩的结节图像。

而 83% 的放射科医生都没有认出这是大猩猩的 X 线影像。根据眼球追踪显示，大多数人都是在直视光片的情况下，依然未能识别出这是大猩猩的 X 线影像。

从医学角度来看，忽视现象带来的影响是巨大的。对医学专家来说，他们对自己可能会看到的模式的适应程度越高，就越有可能错过意外的病例。

在另一个例子中，忽视现象的出现导致了波士顿警员遭遇非法监禁。

1995 年 1 月 25 日凌晨 2 点，肯尼·康利（Kenny Conley）警官正在追捕一名试图翻过铁丝网围栏逃跑的枪击案犯罪嫌疑人。而一名卧底探员迈克尔·考克斯（Michael Cox）却在几分钟前出现在事故现场。在黑暗中，其他警察误认为此时出现的卧底探员就是犯罪嫌疑人，因此从背后残忍地袭击了他。

事后康利警官在声明中说，他当时刚好经过考克斯的遇袭之处，但他表示自己并未看到事件发生的始末。

检方成功地辩称，康利警官一定看到了事件的发生，但是为了保护自己的同事而选择了说谎。为

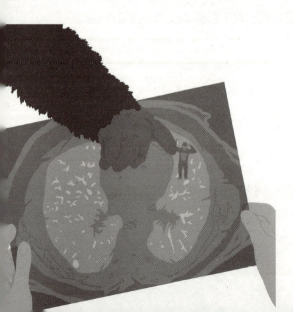

此康利因犯有伪证罪和妨碍司法公正罪，被判处34个月监禁。

夏布里斯和西蒙斯利用大猩猩实验所阐明的原则对该场景进行了探索。他们再现了波士顿事件的全貌，让一个人沿着固定路线去追赶一名演员，其他三名演员则在附近上演了一场冲突。

该事件是在夜晚发生的，有 65% 的被试并未留意到冲突的发生；如果是在白天，则有 44% 的人没有注意到该事件。

从大猩猩实验中可以明显看出，实际上，我们无法看到超出自己预期的人或事。

痛苦是真实的，一切都在头脑中

视觉系统中的无意盲视是生存模式检测的一种意外后果，作为威胁的信号，感觉可能过度或不足。

我们往往没有注意到适当的感觉，例如，那些我们可能描述为情绪或疼痛的感觉。相反，就算伤害或客观威胁不存在，我们也可能会经历强烈的情绪（如恐惧、焦虑）或慢性疼痛。

关于疼痛的普遍说法是，当身体受伤时，特殊的疼痛感受器会向大脑传递疼痛信号。

事实上，疼痛完全属于生物心理社会医学范畴，往往被描述为一种威胁信号。

疼痛有时被描述为一种感性推断，这种推断往往过于谨慎。例如，在所有失去肢体的人中，超过三分之二的人会出现幻肢疼痛。失去肢体的疼痛可能非常严重，以至于一些患者会考虑自杀。疼痛感是在大脑试图保护记忆中的肢体时产生的。

神经科学家拉马钱德兰（Ramachandran）博士对幻肢疼痛的截肢患者进行了一项著名的实验。他让参与者将他们的手放在一个有镜子的盒子里，通过反射，截肢患者看起来仍然有两只完整的手。虽然截肢患者知道他的手的反射是一种错觉，但大脑接受了反射的手是真实的。对于幻肢疼痛的患者来说，张开并拉伸盒子里的手通常可以缓解幻肢的痉挛和疼痛。

由此可见，疼痛，甚至疼痛缓解，在某种程度上是感知的问题。

自我校准

韧性的一个重要组成部分是调节身体感觉（如疼痛或情绪）的能力，我们称之为自我校准，我们都在使用它。如果没有自我校准，我们就会错过饥饿的信号和相关的进食需求，我们不知道什么时候该睡觉来回应疲劳的信号。

回忆一下你上次经历疼痛或严重不适的情形，也许是在你吃了不洁食物后胃肠功能紊乱，或者是在长时间埋头工作后头痛欲裂。你的反应是什么？你试过借助药物止痛吗？如果是这样的话，那么你可能会失去一个发展自我校准的机会。你收到了信号，但你没有听信号告诉你什么。

相反，你可能听得太仔细了。由于疼痛是对感知到的威胁的反应，如果感知是扭曲的，那么反应也可能是扭曲的。

人们经常会经历与多年前痊愈的身体伤害有关的疼痛。威胁信号已经被"卡住"了。受伤的记忆足以让相关的感觉重新恢复。

当没有直接和明显的原因而感到疼痛或不适时，问自己以下问题："如果这种疼痛在指导我改变什么，那会是什么？"

胃痛可能是在告诉你，你应该停止吃垃圾食品；头痛可能是身体需要更多休息和恢复的信号，也可能是在告诉你，你应该改善或解除一段关系。在痛苦中，我们面临着各种感知威胁。随意服用止痛药阻碍了重要信息的传递信号。我们建议在减弱或屏蔽信号之前先倾听。

在《解释疼痛》（*Explain Pain*）一书中，大卫·巴特勒（David Butler）和洛里默·莫斯利（Lorimer Moseley）从字面上解释了疼痛作为感知威胁信号的机制，相关研究描述了使用分级运动图像对复杂区域疼痛和幻肢疼痛的有效治疗。

通过训练与重新校准，痛苦会得以减轻。除了可量化的疼痛感的减少和生活质量的提升外，自我校准还可以在神经学方面产生生物可塑性变化，如皮层重组。这种方法与试图用药物消除疼痛伴随的疗效不佳、成瘾和过量的高风险形成强烈对比。

就像药物可以应用于治疗疼痛一样，正念也可以应用于应对与工作相关的压力。利安娜（Leanne）在《瓢虫正念书》（*Ladybird Book of Mindfulness*）中的描述就说明了这一点：

利安娜已经盯着这棵美丽的树看了 5 小时。她本来应该在办公室的。明天她就会被解雇。通过这种方式，正念解决了她与工作相关的压力。

实践

"当下"会持续多久

过去

正念关注的是当下完全投入到我们正在做的事情中，不受干扰或评判，意识到自己的想法与感受，而不被它们所困扰。

我们所说的正念，是一种有着长久历史的心理疗法，其范围十分宽泛。正念的核心是欣赏，即充分意识到并欣赏当下的好处。

正念、瑜伽、呼吸练习、冥想及其他许多练习都是为了帮助人们充分地欣赏当下，感受当下的力量。

那么，到底什么是"当下"呢？它能持续多久？

而另一个概念"非当下"，又是什么呢？

请你来做一个简单的思维实验。

第一步

回忆一下过去你做自己喜欢的事情的时刻及地点。

让自己沉浸在那段记忆中，重温那一刻，仿佛你真的在那里。

透过你的眼睛看事情。停留在记忆中，而不是作为观察者观看。

你的记忆是彩色的吗？这些颜色是真的吗？

在你的记忆中，有声音吗？是远还是近？是否有内部声音？你是否听到自己内心的声音在发表评论？你的内心是否平静？

体验身体的运动感。你感觉怎么样？你的呼吸是什么样的？

你能闻到什么？你能尝到什么？

现在，回到当下。

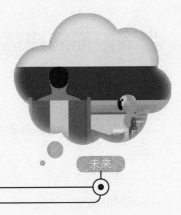

未来

第三步

现在比较这两种经历。

对大多数人来说，这两种经历没有明显的区别。对于少数确实感受过两种经历之间微小差异的人来说，通常只需要几分钟的辅导就可以精确匹配体验。

过去和未来的经验实际上是相同的。我们大多数人都能以某种方式将记忆中的过去和想象中的未来分开。

那么，"当下"是什么？

神经科学家测量了感官在身体和大脑中发出信号到进入意识所需的时间大约是半秒。

那么，让我们假设现在拥有一段短暂的经历，它几乎立即就会成为记忆。

第二步

站起来四处走动或上下跳跃，让你的记忆荡然无存。10秒左右的剧烈运动通常就足够了。

现在把你的注意力转移到未来某个时候，那时你可以享受与你记忆中的经历相似的经历。

创造一种与先前记忆相似但不完全相同的想象中的体验。

让自己沉浸在这种创造的体验中。像以前一样，检查图像、声音、身体感觉、气味和味道是否都存在。

现在，回到当下。

站起来，四处走动，再一次晃动身体，让记忆从身体中消失。

当下，你的注意力在哪里

身处当下就是去体验那些转瞬即逝的东西——经历之后它就消失了，然后进入记忆的领域。

一旦经验进入记忆，就可以被重放或修改，我们可以创造出与过去经验完全相同或完全不同的沉浸式经验。

记忆是可延展的，经验可以从不同的角度重新被体验，我们也可以改变这种基于感官经验的意义。

我们完全生活在一种创造或重新创造的"现实"体验中。既然如此，我们应该享受每一刻的丰富体验。像幸福这样的情感是完全由内部产生的，与外部世界的事件没有任何因果关系。当人们发现自己对过去、现在和未来的体验有与生俱来的创造性过程时，随着他们发现更多的选择，表现自然会提高。

无论如何，要活在当下。还要记住，使用同样的技巧，你可以让自己沉浸在未来。通过生动地想象一个未来情境，调动所有感官，你可以真实地排练巅峰时刻。当未来到来时，你将为它可能会提出的需求做好准备。

如果回忆过去的经历让你疲惫不堪，那么你也可以通过更有用的方式获取或重塑这些记忆，以便创造你最想要的生活。

记忆与感官

如果你目睹了一场灾难或潜在的创伤事件，你就会知道，能够忘记这些经历或只回

忆其中突出的、有意义的方面可能会有
好处。

　　如果记忆唤起非自愿的感觉，那么
它会使人衰弱。例如，一些患有创伤后
应激障碍的人可以记住事件，就好像它
是环绕立体声的全彩电影，并伴有功能
失调。从字面上看，他们一次又一次地
重温这段经历，就像他们第一次感受到
这段经历一样。

　　他们可能会选择不同的方式来记忆
创伤事件。它可以是一部没有声音的黑白电影，这通常会减少情绪方面的影响。

　　通过改变记忆的呈现方式，就可以改变我们对它的反应方式。

迈克的经历

　　2016 年，迈克两岁的儿子差点溺水身亡。邻居十几岁的孩子们邀请他一起玩耍，孩
子们看电视看得很入迷，以至于没有注意到迈克的儿子在外面闲逛时掉进了后院没有围
栏的游泳池。

　　当迈克在邻居家门口与邻居交谈时，他 4 岁的儿子提醒道，弟弟独自到游泳池去了。
迈克的心怦怦直跳，立刻跑到后院，发现孩子在水中挣扎求生。

　　在医生告诉迈克孩子已无大碍后，他真切地回想起刚刚发生的事，包括可能发生的
最坏情况："如果我 4 岁的儿子没有提醒我，那该怎么办？"

　　这种记忆会在迈克的胃部和胸部自发地重现，伴随着强烈的恐惧感，暗示他应该采
取行动，即使是在事后数小时。在他意识到一种模式正在形成后，他重建了对这一事件
的记忆，把它从一部全彩电影变成了一幅黑白图像。多年后，他仍然记得那天发生的
事情。

　　这种记忆结构的改变保留了足够的记忆和不适感，提醒迈克要小心把孩子交给谁。

几年后，迈克的两个儿子都沉迷于冲浪运动。虽然迈克保留了对水上运动的警报信号，但它很少干扰到他看到孩子们在水中玩耍时的喜悦。

自我校准的重要性，充分体现了我们对当前或过去事件的体验和反应，它是创造韧性的基础。

了解你自己

公元前 300 年，古希腊的阿波罗神庙上刻着 "Know Yourself"（认识你自己）的字样，早在那时人们就已经认识到自我认识和自我校准作为学习基础的重要性。

现代哲学及神经科学正在探索同样的领域，为我们理解周围的世界提供了重要的见解。我们可以以实用的方式利用这些见解来扩展我们的感官校准范围，例如通过呼吸训练帮助我们应对压力或挑战。我们还可以学习用不同的方式过滤信息以克服认知偏差，我们可以采取更有用的方式重新体验记忆。我们可以一步一步地改善我们对世界的理解。

人有五种重要的感官可以产生视觉、听觉、触觉、味觉和嗅觉。在感觉中，鲜为人知的还有本体感觉（运动器官在不同状态时产生的感觉）、运动感觉，甚至我们检测电磁场的能力。

在接收到感官信息后，我们创建了相应的内部经验表征系统（视觉、听觉、触觉、味觉和嗅觉，以及其他定义不太明确的表征，如空间和时间）。这些被称为模态，它们的再现可以是对我们已经拥有的经验的再创造或记忆，也可以是全新的想象经验。

创伤记忆向我们展示了感官如何通过所谓的"跨模态关联"共同创造经验。人们能生动地回忆图像、声音、感觉、气味和味道，激活一种强烈到让人衰弱的感觉。

这很像通感，这是一种神经特性，它导致感官之间相互联系，而这些感官通常被认为是不会相互联系的。一种感觉的刺激会导致一种或多种其他感觉的不自主反应。例如，有人可能"听到"颜色或"看到"声音，或体验数字和字母的颜色。

迈克通过一个简单的改变记忆结构的过程，重新投射了他儿子差点溺水的记忆。他意识到记忆的生动性驱动了恐惧感的产生，所以他将全彩电影换成了黑白图像。

然而，有一点需要注意：对自我发现的探索往往会导致人们对自己的身份采取固定的看法，并相应地排除其他选择。所谓的性格分析往往为人们创造了不同的分类。

==男人不是来自火星，女人也不是来自金星，所谓的性格测试，与占星术一样没有科学基础。==所有的性格特性都是基于行为的，通常不涉及环境。行为很容易改变，我们的认同感也很容易改变。从隐喻和字面意义上来说，这就像换衣服一样简单，尤其是当我们穿着与角色相关的制服时，如警察、瑜伽教练，甚至是摇滚明星。

就像关于火星和金星的描述，隐喻可以巧妙地创造或消除我们行为中的选择。它们可以限制或界定我们对自己的定义。

隐喻是意识与无意识之间的桥梁

过桥

当我们通过特定的感知系统接收信息时，感知过程就开始了。然后，它通过我们的神经网络以一种高度压缩的方式进行传输，这种方式通过我们以前的经验、价值观、欲望、信仰、恐惧和我们的文化进行过滤。通过这种方式，我们的感觉甚至在我们意识到它之前就被转化并投射到无意识的意义中了，这被称作"第一次接触"。

在我们意识到之前，以及在对经验进行解释或命名之前，我们在第一次接触中可以

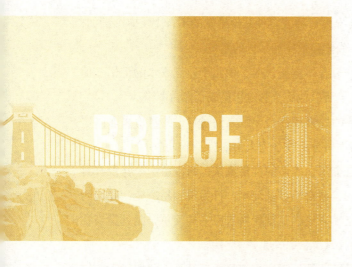

获得的很多东西都被进一步转化为隐喻的创造性领域。

例如，通过对一线专业人员和极限运动员的采访，我们知道这就是韧性的情况。他们的策略和思维模式总是隐藏在隐喻（一种行为模式用另一种模式表达）、符号表征和动作中。

这些自我生成的隐喻反映了自主或无意识的模式检测和反应。要理解或解开这个反应过程的早期阶段，我们首先需要理解隐喻。

隐喻是交流中普遍存在但隐藏的部分。事实上，当我们说话时，我们大约每分钟使用六次隐喻，大部分都是在我们有意识的注意力的"雷达"之下。我们看得越近，就越能洞察其中的奥秘。借用路易斯·巴斯德的一个比喻："面纱越来越薄了。"

我们的大脑使用隐喻来理解世界。例如，当我们面对一个抽象或困难的概念时，我们可以通过引用一个更简单的概念，即我们已经拥有的东西来理解它。隐喻的来源通常是有形的东西，或者是我们可以亲身体验的东西。我们将这个更简单的概念投射到抽象的概念上。通过这个过程，我们可以理解复杂的世界。

"生命是一段旅程"是另一个常见的隐喻，在这个隐喻中，我们使用"一段旅程"这一具体、熟悉的经历和属性来帮助自己理解更抽象的概念——生命。"生命是一段旅程"的隐喻通常用诸如"我在正确的道路上""我在十字路口"或"我停下来闻玫瑰花香"之类的短语来表达。

隐喻还包括任何具有象征意义的东西。例如，它可能是非言语行为、图像、物体、画作、雕像或舞蹈这样的艺术活动。

隐喻的产生和再生意义

不同文化和语言之间的隐喻有着惊人的相似性。由于世界各地的人都使用类似的隐喻，而且这些隐喻往往基于具体或感官经验，因此在隐喻过程中发生的跨概念投射可能有神经基础，这是有道理的。这些路径的交叉方式和位置可能与大脑的感觉中心有关。

> 一旦我们对一个概念有了隐喻，我们就会根据隐喻来感知和行动。
>
> ——威廉姆斯（Williams）

这一预测得到了最近一些研究的支持。在一项研究中，研究人员先给人一杯咖啡，然后把他们介绍给陌生人。如果他们手中的咖啡是热的而不是冰的，那么他们总是认为陌生人"更温暖"。由此可见，身体温暖的感觉会影响人们对隐喻性温暖的感知。

我们的大脑对字面和隐喻概念没有明确的区分。事实上，核磁共振扫描显示两者在相同的神经区域进行处理。大脑似乎非常重视神经的再利用。

在某种程度上，隐喻是我们意义构建过程的延伸，我们有选择地关注与模式检测相关的信息，同时减少大量的经验，只保留最值得注意的内容。因为隐喻是用一种经验来描述另一种经验，所以它指定并限制了我们对原始经验的思考方式。

当现代舞的创作者伊莎多拉·邓肯（Isadora Dwncan）被要求解释她的一次表演时，她说："如果我能告诉你这是什么意思，那么跳舞就没有意义了。"

这突出了隐喻的狡猾本质。当我们跨过隐喻的桥梁时，我们一路上就失去了智慧。我们的意图并不总是明确的。意义是可以解释的。邓肯无法解释她的舞蹈，因为她用舞蹈来描述了一些无法用文字或语言表达的东西。就像我们的大脑一样，它需要隐喻来理解一些极其复杂的东西。

当我们使用词语进行叙述时，我们的大脑试图解释我们熟悉的模式，然后解释我们所做的选择，从而进一步压缩了人类丰富的经验。我们的注意力在任何特定时刻的确切位置都可以通过语言、音调、生理、行为和我们赖以生存的隐喻中隐藏的模式来揭示。

在阅读接下来的内容之前，先想想这句简单的话："玩线团的猫。"

玩线团的猫

1. 你想象的是什么样的猫？

2. 你想象的是什么样的线团？

3. 猫是怎么玩线团的？

4. 当猫玩那个线团时，你希望发生什么？

人们不仅根据自己的经验对词语的含义进行不同的解释，而且往往还有潜在的个人意图。我们看到了不同的猫、不同的线团、不同的游戏形式，最重要的是，我们每个人都有自己的想法。我们如何回答上述问题取决于我们的经验、背景、价值观，甚至取决于当我们被问到这个问题时，我们手中的咖啡的温度。

在符号和文字中捕捉意义和分享意图的行为并不像我们想象中那样客观。考虑一下这句话中的歧义：The man watches the woman with binoculars。这句话有两种可能的含义，

你首先锁定了哪一个？是男人用望远镜观察女人，还是男人在观察拿着望远镜的女人？

这一切都取决于简单的介词"with"。如果像这样一个简单的句子都有陷阱，那么想象一下，当我们扮演叙述者，讲述我们自己的故事时，要准确地传达我们的意图是多么具有挑战性。当我们对自己的意图都不清楚时，这就变得更加困难了。

隐喻是设计韧性的核心。我们可以用它来帮助人们从一种感知转移到另一种感知，例如，从描述压力是如何压垮他们开始，他们可以借助隐喻来翻转脚本。他们可以将自己的经历重新组织成更有韧性的版本。他们可以谈论反弹，而不是谈论被压垮。

利用语言和隐喻的力量来重塑认知，改变记忆的本质，是培养韧性的关键。

扣人心弦的叙述

我们使用的语言以及我们讲述的关于自己和他人的故事可能会扭曲记忆，改变经验的本质，并可能影响生活的各个方面。正如我们从对精神分裂症患者的研究中所知，左脑会编故事用以解释来自感官和思维的多模态输入，这些输入涉及我们的整个具象思维。

大脑用来构建故事的语言可以改变我们的经历。举例来说，德国研究人员探讨了语言是否会影响个体对物体的感知。他们要求一组母语为西班牙语的人和一组母语为德语的人（他们也会说英语）为列表中的每个名词生成三个形容词。

研究人员发现，语言能以微妙的方式影响意义构建，这是培养韧性的重要基础。"bridge"（桥）一词在德语中是贬义的，在西班牙语中是褒义的。讲德语的人把桥描述为美丽、优雅、脆弱、美丽和纤细，而讲西班牙语的人则把桥描述为巨大、危险、强壮、坚固和高耸。

语言甚至影响记忆的本质。伊丽莎白·洛夫特斯（Elizabeth Loftus）和约翰·帕尔默

撞碎	碰撞	撞到	剐蹭	接触
60 千米 / 小时	50 千米 / 小时	40 千米 / 小时	30 千米 / 小时	20 千米 / 小时

（John Palmer）进行了一项著名的研究，他们要求学生估计模拟的交通事故发生时的车速。学生们被问道"汽车行驶的速度有多快"，研究人员在问这句话时使用了不同的动词来表示"撞击"——撞碎、碰撞、撞到、剐蹭、接触。根据研究人员所使用的动词，学生估计的车速变化超过 30%。

　　在一项后续实验中，150 名参与者被展示了一段简短的车祸片段，然后被问及相关问题。这 150 位参与者被分为了 3 组，每组 50 人。其中一组被问及汽车撞毁时的速度，另一组被问及汽车相撞时的速度，第三组没有被问及速度问题。

　　一周后，参与者被问及 10 个关于他们所目睹的场景的问题。他们被问及是否注意到任何碎玻璃。当问题中包含"打碎"一词时，参与者更有可能报告看到了碎玻璃，即使画面中没有碎玻璃。

　　记忆很脆弱，也很容易被扭曲。我们触发记忆的方式（包括我们使用的词汇），都可以塑造我们的记忆。

　　这对警方的问询和目击者的描述，或对任何关心准确报道的人都有重要影响。即使人们说的是实话，但他们的记忆可能有缺陷，或者人们很容易被引导相信一些没有发生的事情。从广义上讲，当我们每天使用语言和故事进行交流时，常常会引导他人创造图像或故事，以不可预见的方式影响人们。

我们要传达的信息是：小心你想象中对故事的解读。叙述总是以高度压缩的信息为特征，当你在脑海中解压这些信息时，你可能正在扭曲它。你心中的想法可能与其他人试图沟通的想法相去甚远。

为了了解别人对现实的看法，可以问这样的问题：这是什么样的猫？这是什么样的线团？这是什么样的游戏？让他们描述得具体一点。

这真的是你最后的机会吗

我们理解周围世界的方式很可能是从一种"适得其反"的方式演变而来的。

人类拥有高度发达的大脑，能够压缩信息，创造机会，在复杂的情况下快速采取行动。我们知道：

- 我们有选择地感知现实，以发现我们期望发现的模式；
- 为了生存，我们通过感官过滤信息；
- 我们将嗅觉、味觉、触觉等感觉的表达转化为符号和隐喻；
- 我们使用文字和叙述将经验进一步压缩为可以远距离传播的文字和隐喻形式；
- 我们将偏差作为模式检测的意外结果引入，并在感知和交流过程中删除重要信息。

通过考虑感知过程如何将感官输入并转化为经验，然后利用这些经验来帮助我们做出决策，我们得到了一些选项，它可以帮助我们设计并创造韧性。

人类感受到痛苦，通常是对感知到的威胁做出的反应，但我们的感知并不完全可靠。除非我们在寻找，否则我们在房间里看不到大猩猩——即使我们在寻找，我们也可能错

过其他事物！

就像痛苦一样，我们的情感和经历是真实的，但也在具象思维中产生。

本章开头引用了电影《黑客帝国》中墨菲斯的一段话。我们都支持以证据为基础的生活方式——我们使用科学和事实，而不是信仰和魔法来指导决策。蓝色药丸不仅代表幻想，也是一种有望获得更多乐趣、创造力和丰富生活的药丸。最终，没有人会知道绝对的现实是什么。

我们中的一些人很可能会比其他人生活在更接近真相或更有用的现实中。

因此，如果你认为只有两种选择，即红色药丸或蓝色药丸，那么请三思。

也许通过反思，你会打破一些不明智的决策模式，这反过来会带来更具韧性的生活方式和全新的思维模式。

O3 —

改变思考与行为模式

韧性的核心是做出正确决策的能力。我们在行动前应该先做出决定，在做出决定前应该先进行判断，而在做出判断前，应该先进行观察。这个过程有助于改善我们的思考与行为模式。

更新思考与行为模式

韧性的核心是做出正确决策的能力，它帮助我们采取恰当的行动。每个人都会思考，但究竟什么是思考呢？

思考不仅是我们内心的自言自语，也是人们根据自身需求、好奇心及目的重新组织感官的具体化过程。

思考的过程引导着状态、想法、决策、反应和行动。思考大多潜藏在意识觉知之下，不会像有意识的感觉那样浮出水面。

思考往往发生在大脑中，这是因为大脑中有密集的神经元和神经胶质细胞，尽管消化道和心脏也有显著的特征。

思考的分布形式十分独特，因此我们很难界定其起点与终点。事实上，有关思考的各个方面甚至可能不属于人类，因为最近的研究表明，人体内的微生物群会影响我们的思维。生活在人类肠道中的数以万亿计的微生物、病毒和寄生虫通过迷走神经与大脑进行交流，而这会对人类的思想和情绪状态产生影响。

代表大脑的隐喻通常集中在头部，类似于齿轮或计算机电路。这表明人类大脑更像硬件。然而，最近有关神经可塑性方面的研究表明，我们的思维和行为近似于软件。相对于齿轮或计算机电路，人类更像一个能自动连接互联网的操作系统，尽管我们只能部分实现这一点。物理学和媒体生态学研究人员罗伯特·洛根（Robert Logan）认为，即使是人工智能也缺乏能操纵和重构内部表征的创造力，而这种能力能重构我们的内部世界和外部世界。

　　就像软件更新需要跟上快速变化的环境一样，我们也需要更新思考与行为模式。

大脑科学史上的重要病人

　　神经科学领域中著名的病例是亨利·莫莱森（Henry Molaison）所患的失忆症。亨利于 2008 年去世，享年 82 岁。他患有严重的癫痫，医生认为这与其在童年时期发生的一起自行车事故有关。到 27 岁时，他的癫痫发作已经严重到不能工作和生活。1953 年，亨利同意接受实验性脑部手术，以减少癫痫发作带来的影响。

　　亨利的神经外科医生威廉·斯科维尔（William Scoville）切除了亨利的大部分海马体，我们现在知道这些区域是形成新记忆所必需的。

　　虽然亨利的癫痫发作确实有所改善，但他失去了形成新的陈述性记忆的能力——回忆和描述事物的能力。尽管如此，他的工作记忆和程序性记忆仍然完好无损。他能够记住手术前的大部分生活，还能正常行走和交谈。他能在短时间内记住一串数字或名字等信息，但无法对它们形成长期记忆。

　　斯科维尔认识到了亨利的记忆障碍，并向认知神经科学家布伦达·米尔纳（Brenda Milner）寻求帮助。米尔纳和她的学生苏珊娜·科金（Suzanne Corkin）对亨利进行了长达 30 多年的研究。这一病例为我们如何看待记忆、学习等方面提

供了许多新信息。

1962 年，米尔纳证明亨利可以在毫无意识的情况下学习某些任务。他能够对学习过的任务进行复述，却无法回忆起自己是何时或如何学习的。例如，亨利可以看着自己在镜子里的手，给一个五角星的每条边画出平行线。亨利不记得自己此前曾做过这项练习，但在这项颇具挑战性的任务中，他画得越来越顺利，甚至对布伦达说这项任务"比我想象中的要容易"。

这项研究具有几个重要意义。米尔纳和科金首次证明，海马体在长期外显记忆的形成过程中起着重要作用。亨利能够通过运动学习（motor learning）获得新的身体技能，运动学习是指肌肉反应或运动技能的学习，它可以影响大脑的不同部分。由此可见，我们可以通过不同的方式学习，甚至可以在对当下行为毫无意识的前提下习得新的行为模式。

镜像神经元

20 世纪 90 年代，一个由意大利神经生理学专家组成的研究团队获得了一项重要发现，后来有人将其称为 20 世纪最重要的神经科学发现之一。

研究人员将电极植入猕猴的大脑，研究它们在进行如抓握和举起物体等行为时的大脑活动。

在研究间隙，一位科学家伸手去摸一个物体。一台监视器发出蜂鸣，提醒他其中一个研究对象（猕猴）的大脑出现了活动。换句话说，当猕猴做出手势

或举起物体时，监视器就会发出蜂鸣。然而，这只猕猴并没有移动，它只是坐着，看着那位科学家伸手去摸一个物体。

这个偶然的科学发现为研究一类特殊的脑细胞开辟了全新的途径，它被称为"镜像神经元"。镜像神经元不仅存在于人脑中，也存在于其他灵长类动物的大脑中。随后的研究提供了强有力的证据，表明镜像神经元负责将我们的所见转化为对他人行为意图的理解，以及转化为我们通过观察和模仿而习得的行为。

拉马钱德兰甚至认为，镜像神经元塑造了现代文化和文明的开端——工具的使用、生火、搭建住所、阅读、交流、理解他人的意图、体验他人的情感等能力都源于镜像神经元系统。

早在我们学会理解书面或口头指令之前，我们的神经系统就吸收了大量的经验，在之后的生活中，我们经常将这些经验标记为情绪和行为，当行为重复发生时，就会成为习惯。

正如我们可以复制某些行为，如走路、微笑、把勺子举到嘴边，我们也可以在神经学的画布上画出我们不想要的特征——恐惧、焦虑、愤怒、嫉妒、拖延，甚至是糟糕的健康状态。这些可能都会在我们并未留意时被习得并被复制。

我们对镜像神经元的了解有许多实际应用。例如，我们可以对无意中从周围人身上学到的东西保持警惕，我们可以设计学习体验，以便向那些在我们希望提高自身绩效的领域表现出色的人学习。

最重要的是，正如我们从亨利·莫莱森那里学到的那样，单词和语言对于某些类型的学习，甚至对于更普通的思想来说并不是必需的。事实上，它们可能毫无用处。正如我们将看到的，内心的对话是最常见的破坏韧性的方式之一。

左脑解释器

毫无疑问，语言的习得在人类进化过程中起着转折性作用。语言使我们能够捕捉并交流想法。我们可以将知识世代相传，通过翻译实现知识的跨文化传播。

然而，语言，尤其是我们所谓的自言自语或内心的对话，并不总是有益的。

认知神经科学之父迈克尔·加扎尼加（Michael Gazzaniga）对内心的对话的研究说明了这一点。直到近期，许多经历过衰弱性癫痫发作的患者接受了所谓的割裂脑手术。在手术过程中，连接大脑左右半球的胼胝体被切断，以防止癫痫级联反应。

令人惊讶的是，接受这种手术的患者的功能恢复得相当好，而这种手术带来的功能障碍也相当微妙。加扎尼加在探索这些细微的变化时，偶然发现了被他称为"左脑解释器"的功能。

在实验中，加扎尼加分别向患者的左眼和右眼提供不同的视觉刺激。为了理解接下来发生了什么，我们首先需要知道，当光线进入眼睛时，它会在视交叉处穿过，进入右眼的图像会投射到大脑的左侧，反之亦然。虽然我们知道语言的关键部分是在大脑的右半球进行处理的，但主要语言中心却在左脑占据着主导地位。

因为患者的大脑左右半球是分开的，因此它们接收到的图像并不相同。左半球接收到的是一张鸡爪的图片，右半球接收到的是一幅雪景，雪景中有一个与鸡无关的小屋。当患者被要求给相关图像进行配对时，左手选择了一把雪铲的图片，右手选择了一只鸡的图片。

当被问及为什么要这样选择时，患者回答："哦，这很简单。鸡用鸡爪走路，而你需要一把铲子来清理鸡舍。"

负责处理语言功能的左脑并没有接收到雪的图片，但它接收到了鸡的图片。为了帮助解释选择铲子的理由，患者创建了一个与手中信息相关的叙述。

加扎尼加将这一过程称为"左脑解释器"，它不仅适用于那些经历了割裂脑手术的人。左脑的一个重要作用是为我们的思想提供理性的、基于文字的解释。我们通过左脑解释器解释语义，尤其是无意识思想。与外部叙事相同，内部叙事也可以提供一个反馈回路，形成我们对过去事件的回忆，以及我们与当下的互动。

左脑解释器对不必要的干扰性评论的应对方式是使用身体扫描、舌抵上腭及箱式呼吸法。通过这些简单却颇具智慧的技巧，我们可以训练自己关闭内心的对话，停止某些消极的想法。

舌抵上腭

我们的一位同事莱昂·泰勒（Leon Taylor）曾经是一名实力很强的潜水员。在 2004 年雅典奥运会上，他为英国赢得了 10 米双人跳水的银牌。

如果你看过莱昂从跳水板的后部走到边缘的视频，就会发现他在跳水前一秒左右发生在面部的微妙而有趣的变化。

就在莱昂的肌肉开始活动之前，他的舌头会伸出来。当莱昂被要求回忆并描述他在跳水过程中的心理活动时，他说："此时没有发生内心的对话，一切都很平静。"

莱昂并不是唯一一个通过改变舌头的位置来提高表现的人。许多领域的运动员都使用这种技术，这在冥想练习中很常见，它是一种让内心平静的方法。我们采访了特种部队狙击手、武术家、音乐家及作家，他们中的许多人告诉我们，当他们在寻求清晰的焦点或灵感时，他们会将舌头抵住上腭。

梅奥诊所研究了让舌头放松的好处。研究人员发现，某些简单的习惯性姿势可以刺激副交感神经，进而让人放松，例如，将舌头轻轻抵住上腭，能够有效放松身体。

语言学家、人类行为建模师约翰·格林德（John Grinder）博士认为，当我们进行自我对话（内心的对话）时，舌头会通过肌肉的微运动来复制言语运动。我们可能不会说话，但我们仍在使用语言器官。

在内心的对话没有用处的情况下，通过防止舌头移动，使舌头稳定，我们就可以减少甚至完全消除自言自语。我们还发现，刻意的练习可以增进内心的宁静。有了足够的时间和练习，我们甚至不需要有意识地使用这项技术，它就会自然而然地发生。

现在试着将舌头抵住上腭。请注意你内心的喋喋不休是如何停止的。当你的内心的对话可能会影响你的表现时，或者当你需要获得内心的宁静时，不妨使用这一方法。

当与身体扫描和箱式呼吸法（见第 4 章）相结合时，舌抵上腭技术还可以为韧性状态提供支持。

请执行以下操作。

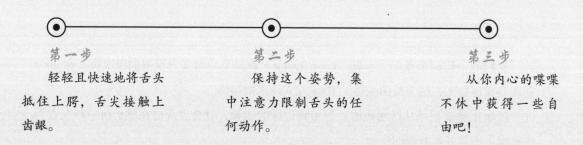

第一步
轻轻且快速地将舌头抵住上腭，舌尖接触上齿龈。

第二步
保持这个姿势，集中注意力限制舌头的任何动作。

第三步
从你内心的喋喋不休中获得一些自由吧！

三个"脑"：头脑、肠脑与心脑

神经科学难题的另一个重要部分涉及我们其他"脑"的功能。

人类至少有三个"脑"：头脑（头部）、肠脑（肠道）、心脑（心脏）。所有这些器官都符合大脑的定义。它们拥有：

（1）大量的感觉和运动神经元，头脑中大约有 860 亿个神经元，肠脑中有 2 亿至 5 亿个神经元，心脑中有 3 万至 12 万个神经元；

（2）支持细胞，如胶质细胞；

（3）感知、吸收、存储信息和学习的能力；

（4）调解复杂反应的能力；

（5）产生神经递质的能力。

上述这些共同构成了神经学的一个重要部分，我们称之为"具身认知"。

从思想和决策的角度来看，最重要的是要认识到我们的大部分思想都是分散的，发生在意识觉知之下，涉及所有的感官。

我们通常会意识到来自具象思维的信号，这些信号以身体感觉的形式存在，其中一些被我们称为"情绪"。图像、符号、隐喻、梦有时也会引起意识觉知。在我们日常使用的句子中，隐喻往往潜藏在显而易见的地方。例如，"我凭直觉知道这件事"或"这是我内心的决定"都是隐喻的明显例子，它们暗示了一种非头脑思维的形式。

不幸的是，我们其他脑的大部分感知和思考仍然被大脑左半球的某些特征所掩盖或忽视。事实上，正如伊恩·麦吉尔克里斯特（Iain McGilchrist）教授在《大师和他的使者：分裂的大脑和西方世界的形成》（*The Master and His Emissary: The Divided Brain and the Making of the Western World*）一书中所指出的那样，左半球的功能之一是对信息进行简化和分类。它对信息进行压缩和分类，而非整合和理解。

思考与分裂的大脑

伊恩·麦吉尔克里斯特教授用尼采的一个故事来说明大脑分裂对人的影响。

曾经有一位智慧的精神导师，他统治着一小片繁荣的领域，因对民众的无私奉献而闻名。随着社会的繁荣和人口的增加，这一小片领域逐渐扩大了范围，因此他需要暗中派遣自己能信赖的使者，以确保遥远地区疆土的安全。

他深知单凭自己无法对所有需要处理的事情发号施令，因此，他精心培养和训练使者，让他们能得以信赖。

然而最终，他最聪明、最野心勃勃，同时也最信任的一位使者维齐尔，开始将自己视为大师，并利用现有的地位提升自己的财富和影响力。维齐尔把统治者的节制和忍耐看作软弱，而不是智慧。在完成统治者的使命时，维齐尔将统治者的斗篷当作自己的斗篷——使者开始轻视统治者。于是，统治者遭到了背叛，民众也被愚弄，这片土地被施以暴政，最终变成废墟。

这类故事有着悠久的历史。它们所引起的共鸣已经远远不止政治领域。麦吉尔克里斯特认为，在我们的身体内部也会发生类似的事情。统治者和使者分别是大脑的左右半球。两个半球本应合作，却常常发生冲突。

这场半球之战被载入哲学史，重大的失败与胜利都被记录其中。

目前，我们的文明掌握在使者（左半球）手中。尽管左半球可能很有天赋，但它的行为就像一位野心勃勃的地方官僚。

与此同时，统治者（右半球）却失去掌控。他的智慧能赋予人们和平与安全，可现在他却被使者出卖了。

左半球的主要功能之一是减少复杂性。这种简化主义的特点往往会得到一种错觉的支持。它认为（或自认为）部分就是整体，而事实上整体不过是部分的总和。

以一朵花为例。左半球看到了花，却看不到孕育花朵的生态系统——它生长的土壤，它融入细胞的空气与阳光，它与传粉昆虫的关系，决定它寿命的温度，以及无数其他因素。当我们纯粹把花作为一种东西来关注时，这些内容都被忽略了。

在古老的日式花道（Ikebana）中，当一枝鲜切花被置于花瓶中时，并非仅仅是对这枝花的展示，而是一种表现花朵与整体之间关系的艺术形式。每个细节都被考虑在内——土壤深度、每枝花的大小、花与花之间的空隙及它们所在的空间（背景）。

花道就像右脑，对世间的新颖、美丽及差异表现出包容与好奇。

如果没有刻意打断左半球的支配地位，那么在进行分类和标记的过程中，过于粗暴的简化可能会固化我们的思考模式。

我们也可以像日本插花师一样，考虑每个部分之间的关联，以及它们与背景的关系。

请你跟随本书的指引创造出整体的各个部分，同时考虑整体与部分之间的关系。我们希望你能管理和理解复杂的系统，而不是试图将其简单化。

思考可能很复杂，甚至很困难

从日常意义上讲，我并不否认大脑左半球对人类取得的成就及所拥有的一切所做的贡献。事实上，正是出于对它的珍视，我才认为它必须找到合适的位置，以发挥其至关重要的作用。它是一位出色的"仆人"，也是一位非常糟糕的"主人"。

——伊恩·麦吉尔克里斯特教授

我们并不想给你留下错误的印象，即认为左半球像一个有问题的孩子。正如麦吉尔克里斯特明确指出的，两个半球都发挥着重要的作用。让每个半球发挥各自的作用，就可以提高我们的思维能力。

人类是擅长思考的动物，出色的认知能力使我们能够承担非凡的任务。

戴夫·斯诺登教授从复杂性科学中开发了一个名为"肯尼芬框架"（cynefin framework）的意义构建框架。"cynefin"是威尔士语中的一个词语，意思是"栖息地"或"一个存放多件物品的地方"。

在肯尼芬框架中，复杂与困难之间的边界被称为"极限"，这意味着一种过渡状态，而临界条件包含两种系统元素。以冰水混合物为例，就水而言，液态水是一种复杂的介质，能形成旋涡和水流（复杂模式）；相比之下，冰的结构则是有序的。冰水混合物中同时包含这两个系统。

这个比喻很好地帮助我们理解了麦吉尔克里斯特强调的统治者及使者之间的不平衡问题。我们的目标是以满足环境挑战的方式匹配最佳的思考模式。

理性思维通常最适合应用于困难的系统（如在工厂解决问题）；直觉思维通常最适合应用于复杂的系统（如在丛林中生存）。一些系统既有复杂的元素，也有困难的元素。在这些情况下，两种思维模式在理想情况下可以同时工作。

我们认为，复杂与困难之间的极限转换对于个人塑造韧性来说至关重要。肯尼芬框架允许不同的人以不同的方式体验相同的系统。同样，系统可能会根据地理位置、气候条件和文化规范的差异而有所不同。为了说明环境与不同的思维和行为模式之间的关系，我们可以参考在不同的国家驾车的例子。

在厄立特里亚驾车需要经验，以帮助司机在糟糕的路况下行驶，随时出没的动物、不稳定的交通秩序，以及很少遵守交通规则的司机，导致车祸死亡率居高不下。

而在挪威，那里的路况很好，奶牛也被关在农场里，司机严格遵守交通规则。在挪威，经验法则没有多大用处，真正起作用的是准确地了解并遵守交通规则。由于该系统的有序性及人们对交通规则的遵守，挪威的车祸死亡率极低。

意大利的车祸死亡率介于厄立特里亚和挪威之间。在意大利，司机必须依靠交通规则及特殊但可以理解的违规模式。例如，你会看见很多追尾或闯红灯的现象出现。

放眼全球，不同的思维和行为模式适用于不同的环境。重要的是，如果你坚持采用适用于挪威的规则，那么你在厄立特里亚很快就会遇难。挪威人认为在厄立特里亚开车很有挑战性，反之亦然！

适应性和神经可塑性优势

幸运的是，我们可以学习如何在厄立特里亚、挪威或伦敦等不同的环境中驾驶汽车。

在厄立特里亚，司机需要对坑洼、奶牛和不遵守交通规则的司机做出快速的反应，而在伦敦开车则是一项完全不同的挑战。伦敦的道路已有 2000 多年的历史，几乎没有进行过整体项目规划。

迷宫般的道路、环形交叉口、单行道、狭窄的巷道和永久性的道路工程，使伦敦的出租车司机的工作复杂得多。

为了获得驾照，出租车准司机会花费数年时间骑摩托车在城市里穿梭，记住上万条错综复杂的街道。通常，50% ～ 60% 的受训人员不合格。

伦敦大学学院（University College London）的神经科学教授埃莉诺·马圭尔（Eleanor Maguire）和凯瑟琳·伍利特（Katherine Woollett）借助功能磁共振成像技术（fMRI）发现，伦敦的出租车司机在接受训练时，他们的海马后部灰质的体积增加了。有趣的是，成功的受训者并不是在所有记忆测试中都表现得更好，在某些情况下，他们在视觉记忆的某些方面表现得比非出租车司机差。

海马后部（后海马体）的增大似乎是以海马前部（前海马体）的缩小为代价的，这形成了认知能力的权衡。这种改变大脑的过程被称为"神经可塑性"。

诺曼·道伊奇（Norman Doidge）博士在其著作《重塑大脑，重塑人生》（*The Brain*

That Changes Itself）中，提出了神经可塑性这一概念并引起了广泛关注。长期以来，科学家认为大脑结构在生命早期基本上是固定的，并随着年龄的增长逐渐衰退。最近，研究人员一直在研究那些症状有所改善的帕金森病患者、克服了严重的学习障碍的患者，以及从以前被认为无法治愈的脑部疾病中恢复的患者。许多人发现了终身康复、终身学习及认知训练的潜力。

> 忘却学习很难，因为一旦大脑中的回路建立起来，它们就很难发生改变了。神经可塑性是竞争性的。
>
> ——诺曼·道伊奇博士

然而神经可塑性并不总是带来好消息。虽然它使我们的大脑更灵活，但它也更容易受到外界的影响。神经可塑性有能力产生更灵活但也更僵硬的行为——可塑性悖论。

神经可塑性被比作田野上形成的车辙。轮胎造成的车辙很难被去除。我们的大脑也会做类似的事情。我们的注意力会自然而然地被吸引到那条老旧的道路上，因为那里更容易走。我们的思想往往会遵循这些规律。

在某些领域，打破陈规很难，这就解释了为什么我们很难用新的行为来取代那些不受欢迎的行为。正如道伊奇所说："在传统的学习理论中，为什么忘记某样东西比学习它要困难得多，这一直是个谜。"

为了打破陈规，我们必须学习一种新的方法来取代固有模式。我们的大脑认识到了这一点的重要性，并侧重于为传统的思考与行为模式提供更好、更具吸引力的替代方案。与其说是停止有问题的思考与行为模式，不如说是找到一种更好、更有用的方法，然后重复新的模式，创造新的道路或新的车辙，就像我们开车穿越田野一样。

老狗也能学新招

随着年龄的增长，我们的认知能力有下降的趋势，我们清晰地思考、保持注意力、准确记忆和快速反应的能力也会下降。然而，常见的与年龄相关的退化并不是一个既定现象。最近的研究表明，神经可塑性会贯穿一生。原来老狗也能学新招。

要做到这一点，我们需要准备好像孩子一样思考，怀揣好奇心，拥有创造力和无所畏惧的精神。在备受关注的 TED 演讲中，英国教育顾问肯·罗宾逊（Ken Robinson）发表了以下观点。

孩子们会去冒险。他们会去尝试那些未知的事物。他们不害怕犯错……如果你没有准备好犯错，那么你就永远想不出任何具有创造性的东西……但是在长大后，大多数成人已经失去了这种能力，他们害怕犯错。我们谴责错误，认为错误是最糟糕的事情。其结果是，我们正在教育人们弱化创造力。

好奇心、创造力和动机共同创造了学习环境，在这样的环境下，神经可塑性得以提高。

即使是很不愉快的经历（如慢性疼痛），也可以通过我们的思考来改善。正如专门研究疼痛的临床科学家洛里默·莫斯利教授所说："生物可塑性让你陷入这种境地，生物可塑性同样可以让你再次摆脱困境。"

同样的可塑性潜能也适用于先天性认知障碍、创伤性脑损伤、中风，或者可能长期存在的创伤后应激障碍、抑郁或焦虑。重新训练大脑和整个神经系统是可行的，这适用于所有的行为模式。

我们的大脑就像在火炉旁熟睡的老狗一样，如果我们不以新奇的方式去挑战它，它就会失去接受新信息或学习新技能的动力。行为神经学家爱德华·陶布（Edward Taub）将这种现象称为"习得性废用"。例如，当一次中风使某侧肢体严重受损时，由于人们偏爱使用较强壮的一侧肢体，较弱肢体的运动就会受到抑制。虚弱的一侧肢体可能有康复的潜力，但这种潜力从未实现，因为完全依靠强壮的一侧肢体会更容易。

习得性废用原则适用于任何行为，它会严重破坏人的韧性，因为人们很容易陷入不健康的舒适圈，过分依赖已经存在的支持系统，或者认为自己是完全无助的。

为了最大限度地发挥神经可塑性的潜力，我们需要不断挑战我们的思维模式。

表现最好的学习者善于挑战自己，他们的行动伴随着目标和好奇心。

如果我们像孩子一样学习，那么我们可能需要像孩子一样睡觉

像孩子一样，为了进行有效的思考和学习，我们需要充足的睡眠和休息。睡眠有助于促进可塑性变化。快速眼动睡眠和非快速眼动睡眠阶段都会发生可塑性变化。思考上的一些变化是瞬间发生的，一些人也许能够非常迅速地建立新的模式，而另一些人可能需要数月的勤奋练习、重复和逐渐增加的挑战。无论是快还是慢，这些变化都只会发生在得到充分休息的大脑中。

加拿大神经科学家、教育家芭芭拉·阿罗史密斯－扬（Barbara Arrowsmith-Young）经过数月的练习，通过有意识的大脑训练（如卡片识别游戏）逐渐提升了自己的能力。她在《改变自己大脑的女人》（*The Woman Who Changed Her Brain*）一书中概述了她克服自身先天性认知障碍的经历，以及她因此而开发的方法。

她的故事中有一个突出的特点，那就是她具有极高的内在动机。内在动机是能够安置和保持注意力的关键特征。它还是塑造韧性的基础。

为了最大限度地发挥神经可塑性的潜力，我们可以在生活中做出许多微小的改变。

通过减少不必要的行为，在学习新技能方面取得可衡量的进步，并做出有益的改变，我们可以改善大脑的整体健康程度。重要的是，同时涉及多种感官的技能更具挑战性，最终也对大脑更有益。

人际交往技能，如融洽的关系，似乎需要被特别注意，因为与他人的联系和沟通也可以提高神经可塑性。

在本书中，我们鼓励你以有意识、外显，或无意识、内隐的方式进行思考，以提高神经可塑性。这些方式能够帮助你开发新的、更快的感知及思考的模型，从而让你在几乎所有形式的决策和行动中占据优势。

从小的改变做起

我是一名拥有 10 多年工作经验的女消防员。我最初是一名工作繁忙的医务人员，年轻时，我并未意识到世界上所有的邪恶。在有些情况下，例如，走进一间桌子上放着枪的公寓，我不得不对自己说："哦，我知道这里有枪，但我要继续在这里工作。"

一个 13 个月大的女婴被她的父亲杀死了，我负责挽救女婴，即使我知道女婴已经无法存活了，我也还在努力。我想尽了一切办法也没能留住女婴，我非常难过。

在很长一段时间里，我通过吸烟和饮酒来应对这一事件。后来我发现自己已经怀孕 3 个月了。因此，除了紧张的工作外，我还要面对因激素变化而失控的情绪。

我们中的大多数人都拒绝谈论自己所经历的事

安德里亚·普莱斯
（Andrea Place）

消防员、护理人员。她拥有火灾科学学士学位，是一名拥有 15 年经验的专业护理人员。她已婚，有 3 个年幼的孩子。

件，因为这可能会让我们看起来很脆弱，尤其是作为一个女性。但有时我希望能有一个与人交流的情绪出口，只是不要以强迫的方式进行交流。

那起谋杀婴儿的事件在我心中酝酿了很长一段时间，才真正表现出来。我没有意识到它的影响，这让我在家的表现很反常。

我的丈夫对我说："你需要厘清这件事。"所以，我做了很多自我反省，改变了习惯，不再把工作上的情绪带回家。我开始变得健康，专注于需要改变的事情。在过去，我会在角落里吸烟或

当我处于最佳状态时，我是积极乐观的，我觉得我可以征服世界。

喝酒。但这样做并不能帮助我恢复最佳状态，让我忘掉一切并感到放松。简单的改变会带来很大的不同，例如，不带电子设备进入卧室、睡前看书。我从不看新闻，因为我不想让消极情绪停留在脑海中。我不再吃垃圾食品，会通过跑步来消除一天中的压力。这一切都能让我表现得更好。当我处于最佳状态时，我能保持积极、乐观的状态，觉得自己可以征服世界。

无论任务多么艰巨，我脸上都能挂着微笑，什么都不会影响我。

OODA 循环

军事战略家约翰·包以德（John Boyd）上校创造了一个奇怪的名词"OODA 循环"（OODA loop）。OODA 是 Observe（观察）、Orient（判断）、Decise（决定）、Act（行动）的缩写。

当与本书中的其他模式一起应用时，OODA 循环（也被称为"包以德循环"）是一个可以在复杂和动荡的世界中生存、繁荣及获胜的理想模型。

包以德根据空中格斗的经验创造了 OODA 循环。在某次战争中，他在美国空军中担任战斗机飞行员，之后在战斗机武器学校担任教员。他的想法后来被应用到更大规模的冲突中。在军事领域之外，OODA 循环还可以应用于司法、商业战略和教育决策。OODA 循环描述了自然发生和无意识循环的决策周期。一个人或一个团体在行动前应该先做出决定，在做出决定前应该先进行判断，而在做出判断前，应该先进行观察。行动之后，会有反馈，循环会随着结果的改善或在重新校准后再次开始。

OODA 循环可以帮助我们根据我们输入循环中的证据创建更优的解决方案。

观察

在做出决定前，我们必须首先收集重要信息，这些信息可能包括数据、测试结果、完善的模型、叙述或对话，还可能包括对其他人的观察，尤其是对行为模式的观察。

我们必须认识到，即使是所谓的客观信息也会存在偏见和不确定性。我们应该把所有信息限定在一个可靠的范围内。证据从来都不完整，而且是不断演变的。不可避免，我们要在所有噪声中捕捉信号，重要的是要知道注意什么及忽略什么。我们建议采用观察者或第三视角，密切关注模式。

判断

这一步提供了成功使用 OODA 循环的

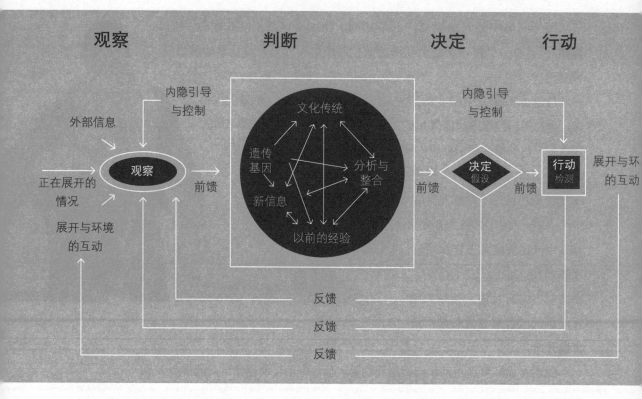

最大杠杆，在刺激和反应之间创造了选择。这是挑战偏见，识别模式和新机遇的一步。重要的是，要确定我们运行的是哪种类型的系统，这反过来又允许我们采取适合该系统的决策和行动。例如，我们需要思考：快速行动是对混乱状况的最佳反应吗？我们需要基于谨慎的考量采取复杂的模式吗？我们是否有足够的信息，在复杂的情况下是否需要专家的意见？

通过了解自己的行动偏好，我们可以最大程度地明确方向。尽管我们很难回避无意盲视这样的偏见，但仅仅是意识到、好奇和对错误持开放态度就足以引发我们转变判断方式。

决定

在做决定时，我们有以下四种选项。

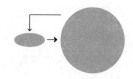

选项1：隐性或无意识的观察循环。这可能是一种真实的无意识行为，我们在直觉上知道在做出决定前需要更多的信息，也可能在消极反馈循环中表现出麻木和犹豫不决，只观察符合自己偏见的事物。

选项2：隐含的无意识行动。这类高质量的本能动作非常适合快节奏、复杂或混乱的系统，在这些系统中，使用直觉和经验法则，相信瞬间出现的信号，而不是试图运用循序渐进的理性思维来解决问题，通常更有效。

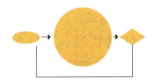

选项3：有意识地返回到观察环节以获取更多信息。它有助于你了解自己需要什么信息，以及如何找到这些信息。也许你可以从与你意见相左的人那里寻求见解、挑战公认的准则、有意识地将隐性知识显性化，或者有意识地让你的潜意识来指导你下一步的行动方向。

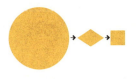

选项4：基于足够的理解，根据观察和定向过程中所学的知识做出决定并采取行动。

行动

当我们采取行动时，我们会触发得到反馈的机会。这是这个特定循环成功或失败的证据。行动是我们检验自己对系统的理解及与环境相互作用的机会，它有助于我们进行深入的观察，促使我们重新开始循环。

许多行动会触发我们期望或不期望的结果，甚至是一连串意外后果，尤其是在复杂的不可预测的系统中。

请特别注意，在决策过程中，OODA循环不是线性的，它由多个选择点和多个循环组成。

OODA循环为改善我们的思考和行为模式提供了一个模型。快速、高效地使用OODA循环可以提高决策能力和竞争优势。它还提供了一种机制，让我们可以对生活中的任何方面进行回顾与检验。

分层思考

考虑两个不同的层次结构。

第一个涉及三个逻辑层次。

（1）示例或类型。

（2）随着级别的展开，示例越来越少。

（3）并非所有的示例都需要对其所属的集合有连贯的意义。

以船只为例，它包括独木舟、小艇、帆船和轮船。更高级别的集合可能包括运输方式、漂浮物或工程师制造的物体。

请注意，"船只"的例子比"运输方式"的例子要多，因为"运输方式"集合的子集"船只"的包容性更强。

如果在这组示例中省略了轮船，那么这组示例仍然具有连贯性。

由此可见，改进我们的思维方式和 OODA 循环的最佳方法之一是学习如何系统地将注意力上下、左右移动，从细节跟踪到全局，然后返回，并识别哪些是共同特征，哪些不是。

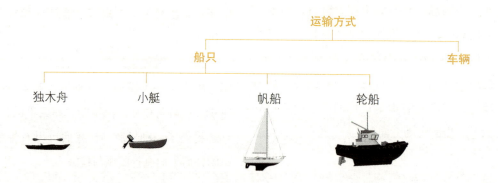

与逻辑层次相比，以下层次结构考虑部分 – 整体的关系。

这个层次结构的规则如下。

（1）组成部分。

（2）当你向下移动时，会有越来越多的组成部分。

（3）所有的部分构成了整体。

就"船只"而言，它由船身、桅杆、帆等组成。船身由木板、钉子、胶水、清漆等组成。

如果从集合中省略了船身，那么"船只"就缺少了一个部分，也就失去了连贯的意义。

显然，这些层次结构是非常不同的，这种区别在某种程度上解释了为什么谈话对象在对话时，双方的目的不一致。想象一下，一位首席执行官与一位在工厂处理技术问题的工程师讨论全球业务发展的需求；或者一位家长与青少年讨论违反规则对社区的影响，而青少年只对如何与朋友相处感兴趣。在这些例子中，双方需要适当的调整才能处于同一水平。

围绕这些模式转移注意力对塑造韧性很有帮助，因为它允许我们以不同的逻辑方式分析并发现选择和联系。这些层次结构也有助于解释演绎思维、归纳思维和溯因思维。

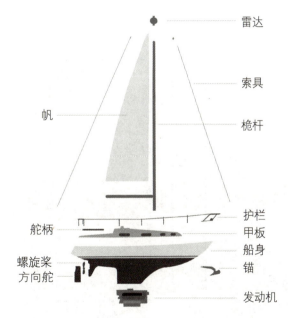

演绎、归纳和溯因

逻辑推理分为三大形式：演绎、归纳和溯因。

演绎

演绎大体上类似于理性或有意识的思考。这是一个简化的过程，在逻辑层次上向下推进，或者在层次结构中关注细节。

演绎从一般性陈述或假设开始，然后检查各种可能性，直到得出合乎逻辑的结论。重要的是，每个逻辑步骤都支持下一步。如果该理论正确，那么它将由一系列相互关联且有逻辑的观察结果来支持。

在演绎推理中，如果某件事对一个集合来说是真的，那么该集合的所有子集都是真的。

例如，鸟类是体温恒定的卵生脊椎动物，有羽毛、翅膀和喙。通常，它们会飞（请留意不会飞的选项，如企鹅）。家燕、鹰、天鹅及企鹅都符合这一表述，因此它们是鸟类。还请注意，它们是逻辑集"鸟"的示例。

只要所有的基本前提都是真的，那么演绎结论就是肯定的。

然而，即使演绎思维被正确地应用，也可能得出错误的结论。例如，欧洲人过去认为所有的天鹅都是白色的。所有

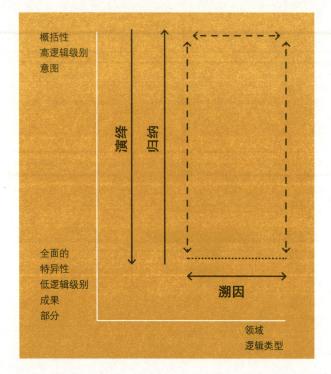

概括性
高逻辑级别
意图

演绎　归纳

全面的
特异性
低逻辑级别
成果
部分

溯因

领域
逻辑类型

可用的证据都表明这是真的，直到 1697 年荷兰探险家在澳大利亚西部登陆并看到黑天鹅。

归纳

归纳倾向于向上移动。它不是将信息分解成小块，而是将这些小块放在一起并建立联系。归纳从观察（感知）开始，通过检测模式，最终形成理论。演绎从一般走向具体，而归纳从具体走向一般。

归纳通常涉及直觉或无意识模式的转换。

归纳出错的一个著名例子是塔勒布的故事，该故事讲述了一只归纳主义火鸡，它每天都吃得饱饱的，并且越来越自信地假设每天都是一样的。这种模式有规律地重复，证实了它的理论。火鸡信心满满，直到农夫拿着斧头出现在它面前。

溯因

溯因既有演绎，也有归纳。罗伯特·洛根（Robert Logan）教授认为，溯因思维将人类与其他动物区分开来，至少目前与人工智能区分开来。

溯因包括一系列逻辑层次，跨越相似或不同的逻辑类型，并返回类似的逻辑层次。然后，这一点被颠倒或转移，并回到我们当前的环境中，在那里它可以被重新调整用途和适应力。

例如，假设我们不想再在船上使用石油发动机，我们可以联想到其他形式的交通工具，如汽车，再联想到氢能汽车或电动汽车。然后我们可以把这个想法应用到船上，寻找方法来调整或修改氢动力或电池动力发动机，使其适合船只。由于汽车制造商和船只发动机制造商之间的合作关系，这个例子实际上正在发生。

在科学中，基于理论的演绎思维和基于观察的归纳思维之间存在着持续的相互作用。

当然，思维模式也可以在循环中变化，或者以随机方式向上、向下或横向移动。当与溯因思维相结合时，这些模式形成了创造力和创新的基础。大多数重大的科学突破都涉及溯因思维——灵感的迸发。在建立连接的那一刻，许多步骤都会在不知不觉中发生。有时，它可以向上、穿越、向下和向后移动，也可以像许多探索性循环一样发生。

实践

创造力练习

如何加强和培养创造性思维？

第一步
构建环境

确定你正试图解决的问题或当前与预期结果之间的差距。

在地板上选择一个空间，在这个空间里，用你所有的感官去体验问题或想象结果。跳出环境的限制，摇晃或移动身体来改变状态。

第二步
进入心流状态

你可以使用字母表（详见第 10 章）。简单的放松也会对你有帮助。快速进入心流状态的例子有很多。

第三步
提升创造力

隐喻、逻辑推理和人际关系可以提升创造力。

随机选择一个当下吸引你的对象。现在挑战自己，快速找到此对象的尽可能多的用途。速度很重要。确保在逻辑上向上、向下和横向移动。教练或合作者在提升你的创造力方面也很有帮助。

第四步

回到第一步的环境中

带着你富有创造力的新状态回到第一步的环境中，让思维和想法在没有内心的对话干扰的情况下浮现出来。

然后你可以问自己一些具体的问题。

（1）我可以通过哪些方式获得结果？

（2）如果障碍被消除，我的结果会是什么？

（3）在实现我想要的改变的道路上，第一步是什么？

（4）下一步是什么？

以衣架为例。你能想到衣架的所有用途吗？你可以尽情发挥创造力和想象力，例如，它可以挂衣服、充当电视天线和抓背器等。如果你弯曲它，那么它可能还有其他用途。

你还能对它做什么？你可以把它融化成一个球，也可以把它冷冻起来，用来冷却饮料，等等。

如果你有很多衣架，那么你会怎么做？你可以用它们挂很多衣服，或者制作成一幅壁画或搭建一个篱笆，等等。

如果你能把衣架分成几个部分，那么你怎么能做到呢？你能用这些部分做什么呢？你可以把它剪成碎片并做成钢钉，或者制作成一幅画，等等。

衣架可以用来做什么？挂衣服。

还有什么东西可以用来挂衣服呢？门、树枝等。

门的其他用途是什么？保持通风、填补墙上的洞、提供安全保障等。

门的其他部分是什么？把手、螺丝钉、木板、玻璃等。

如果你拥有所有这些东西，那么你可以怎样使用它们呢？你可以建造房屋、制作艺术品等。

从内部冲突到团队合作

就像任何团队合作一样，当团队成员的认知一致时，当不同的思维模式或来源一致或相似时，这是非常美妙的。如果团队成员之间是被迫合作的，那这个团队便岌岌可危。

通常，理性和直觉的思维模式往往带有某种偏见或偏好。与其将其视为理性思维模式和直觉思维模式之间的较量，使它们相互对立，不如改善它们之间的动态关系。

当我们在自己内部培养一个"团队"时，就会消除任何上下级关系。

团队的概念也消除了追求完美一致或虚假和谐的潜在不良动力。当两种思维模式合作时，并不意味着它们会完全一致。它们可能代表了截然不同的观点。高度成功且富有韧性的团队能够容忍甚至培养建设性的冲突和意见分歧。

这种团队机制将我们的感知能力扩展到内部和外部。它让我们带着好奇心，对不协调的声音采取积极的态度。

例如，你可能计划花更多时间在健身房健身，却被困在办公室，因为你需要完成上级分配的任务。或者，演绎推理可能会让你相信某个行动过程是最好的方式，而归纳或溯因模式警告你不要这样做。

认识到自己和他人之间的矛盾可以极大地帮助我们拓展思维。与他人建立联系并参与其中也有助于发现解决难题的方法，如既有时间去健身房，又能满足上级的苛刻需求。

然而，请记住统治者及使者的故事给我们的警示，我们可以运用重要的经验法则。如果有疑问，请遵循导师的告诫。然后，基于行动关闭 OODA 循环。这个想法是为了更好地做出无意识决策，以及对复杂的模式进行更细微的、有意识或理性的探索。在理想情况下，这也会在我们自己内部及与他人之间产生深深的尊重和信任。

我们越是练习这种相互尊重的合作，对不同的体验方式和思维方式进行内部检查，我们学习的速度就越快，在复杂多变的情况下做出决策的能力也就越强。这种团队感知和决策方法也会向外延伸。反之，这也可以帮助我们更快地学习，并在更快、更好的 OODA 循环中做出响应。

04

调整状态

塑造一个充满韧性的身心系统的关键在于学会调整状态，
有时我们只需要调整身体姿势和关注呼吸就能轻松做到这一点。

影响整体状态的四个系统

　　情绪是描述感官体验的词汇，情绪通常复杂多样、细节繁多且概念抽象。常见的情绪表达有几个共同的主题，如愤怒、焦虑、悲伤，当然还有压力。例如，愤怒通常被描述为"激烈的"和"直抒胸臆的"，但我们也会听到愤怒被描述为"冷漠的"和"压抑的"。虽然表述可能是相同的，但在个人体验的精细尺度上，存在着差异。

　　可悲的是，压力和其他不良情绪支配着许多人的日常生活。而情绪，或者更准确地说，状态，是由复杂的、相互关联的系统所影响的。

　　我们用状态这个词来描述我们在某一特定时刻所经历的一切。

　　如果你问某人感觉如何，他通常会用一个情绪标签来描述自己的经历，如愤怒、焦虑或快乐。当我们要求他更详细地描述自己的状态时，我们经常会发现多种情绪在争夺注意力，甚至可能还包含一些无以言表的感觉。有时，我们无法用语言充分地描述自己正在经历的事情。

　　通过与人类的丰富经验重新联结，我们可以在刺激与反应的间隙创造出各种选择，包括我们是否会用情感标签描述状态，以及是否能够调节情绪强度。这就像收音机，我们可以打开或关闭状态，可以改变音量，也可以选择其他电台。

　　为了解释如何做到这一点，我们人为地将状态划分为四个相互关联的系统——生理系统、神经系统、生化系统和微生物系统。它们是改变的节点。与所有复杂的生物系统一样，其中任何一个系统的变化都会反馈并影响其他系统，进而对我们的整体状态造成影响。

微生物系统

　　人体内微生物群由数万亿个与我们共生的微生物组成。

　　尽管皮肤、眼睛和口腔中的微生物也很重要，但微生物大多存在于肠道中。

生理系统

　　这是我们的身体系统，包括体态、呼吸和运动。它还包括外部感觉和内部感觉。

状态

疲惫

幸福

焦虑

神经系统

　　我们的神经系统包括大脑、脊髓和周围神经，它们共同构成了我们的感知及思维系统。

生化系统

　　人体内部的化学环境包括血糖、激素、神经递质，以及摄入的药物和酒精等。

身体扫描

内感受是我们感知身体内部状态的能力。内感受对于情绪、学习和决策至关重要。当然，这对于满足生理需求，如进食和休息，也很重要。内感受并不总是反映现实，事实上，我们经常会有不真实的感觉。例如，当听到虫子发出的声响时，我们可能就会觉得浑身痒或皮肤上有虫子爬行的感觉。

身体扫描技术是一个过程，我们以此来检查自己的内感受和外感受。它可以帮助我们提高内感受的灵敏度或对其进行校准。

研究证实，人类可以改善自身对身体信号的校准，这意味着我们越多地练习身体扫描，就越能准确地检测自身感觉并对信号加以解释。

当我们单独使用身体扫描技术，或是将其与其他技术一起使用时（这一点将在后面的章节中提及），身体扫描有助于我们将注意力直接引导到肌肉过度紧张的位置，这是身处压力状态下的常见症状。

身体扫描还可以提高我们对潜意识信号的识别能力，例如，直觉提示我们身处危险（注意，许多人的危险信号并非源于直觉）。

如何进行身体扫描

通过学习如何进行身体扫描，我们可以改善决策、减少疼痛、改变运动模式，或者减少压力、焦虑和创伤。在这里我们重点关注减少压力。之后，我们将身体扫描整合到对思维及状态结构的探索中。

为了缓解当下的压力状态，我们将引导你以系统的方式充分关注身体的各个部位，首先发现紧张，然后释放紧张。

第一步

完全意识到自己的身体姿势，无论是坐着、站着还是躺着。

第二步

想象一束比身体略宽的水平光线。这是你的"扫描仪"，它会扫描你的身体。

第三步

上下扫描你的身体，想象光线从你的脚趾开始，一直向上移动到你的头顶，然后再向下移动到你的脚趾。

第四步

每当你感觉肌肉紧张时，放慢"扫描仪"运行的速度，将注意力完全集中在肌肉紧张的那个部位。密切注意面部和肩部肌肉。

第五步

尽可能充分地放松受到影响的肌肉，有意识地释放被"扫描仪"定位的肌肉张力。你可以通过活动这些部位，使其充分放松。

第六步

继续让"扫描仪"沿着身体上下运行，直到不再出现紧张的区域。

通过实践，你可以根据需要快速进行这一过程。你可能想从一段有挑战性的对话，或者与正在学步的孩子打交道开始练习。当你已经适应这一过程时，你就可以将其应用于某些高风险情况了。

实践

探索思维结构

在身体扫描的基础上，我们将探索思维与状态之间的关系。首先，想想你不喜欢的人。选择一个温和的例子。

第一步

现在，想象自己看到了这个人，仿佛他真的出现在你的私人空间里。在继续下一步之前，请至少执行此操作 20 秒。

当你想到这个人时，你是否会体验到身体出现某种感觉？

大多数人认为这种感觉信号是"不喜欢"。常见的感觉是紧张、沉重、激动，以及一种想要远离的感觉。答案没有对错且可以多种多样。

第二步

花点时间考虑一下这种内部表征是如何构成的，以及哪些部分构成了这一整体。

视觉

* 你所看到的人比真人高大、与真人一样大，还是比真人小？
* 这个不受欢迎的形象出现在离你多远的地方？是近还是远？
* 这个形象是彩色的还是黑白的？
* 他是移动的还是静止的？
* 这一形象是立体的还是平面的？
* 他是否清晰？
* 最重要的是，你是与此人在一起，还是以旁观者的视角看到他？

听觉

这个人是否发出声音？

* 他在说话吗？
* 如果是，那么音量如何？
* 他在说什么？

触觉、嗅觉和味觉

再次启动"扫描仪"。当你想象这个人时，"扫描仪"会捕捉到什么？这一人物的形象和声音会让你产生什么感觉？

缓慢运行"扫描仪"，花时间探索你的身体有何反应以及产生了哪种感觉。有什么气味或味道吗？你发现了什么？

第三步
改变体验的本质

现在，花30秒左右的时间忘记这个人。四处走走，打破刚刚经历的状态。做几次深呼吸并活动一下舌头也很有帮助。

现在，请你加入一个类似叠叠乐的小游戏，以了解你的思维结构。改变、移除及替换积木块，看看会发生什么。你的状态如何？你是否会发现新的相关结构与经验？每次做出改变，你都要快速进行身体扫描。请记住，你可以随时将叠叠乐还原到之前的状态。

从改变人像开始

再次想起同一个人，只是这一次，改变它的颜色。如果最初你是以鲜艳的颜色回忆起他的，那么这次就将图像改为黑白色调，反之亦然。

如果原人像较大，那就将其缩小到合适大小。如果他正在移动，那就将他设置为静态。调整距离，或者将人像从平面改为立体，反之亦然。

最重要的是，如果你看到的这个人就像在现实中看到的那样，那么通过改变人像，你就能发现自己在观察他。

改变声音

如果声音很大，那就调低音量。如果他没有发出任何声音，那就添加一些令人愉快的背景声。

你还能识别并有意识地改变哪些因素

此处的目的是有意识地操纵我们构建记忆和思想的方式。当我们改变结构时，留意一下会发生什么。

当与正在从创伤中恢复的来访者合作时，我们发现一两次记忆结构的变化可以使持续数月甚至数年之久的创伤后应激反应发生彻底改变。

我们对过去、现在和未来的思考方式与个人状态的方方面面息息相关。例如，我们回忆的这个人的形态与声音可以改变我们的呼吸模式，我们可能心跳加速，我们的思想可以与更快的节奏相匹配。同时，这还可能会对我们的肠道微生物群及消化系统产生微妙的影响。

了解感官是如何影响我们的思维和经验，能够提供杠杆作用，帮助我们保持韧性和高绩效的状态。我们的思维结构及所用到的感官组合并非一堆摇摇欲坠的积木。通过设计，它可以以一种稳定且坚韧的方式进行再创造。

我们不会像感染病毒一样感染情绪

我们常会听到人们这样表达情绪：

- 我很沮丧；
- 我很焦虑；
- 我很紧张。

这些情绪就像打开的开关。人们产生某种情绪，就像感染病毒一样。有时，某种情绪甚至被病理化：

- 我有焦虑症；
- 我有抑郁症。

当你感染流感病毒时，病情会持续一周左右。然而对于被诊断为"情感障碍"的人来说，情况却很少如此。

药物治疗通过 24 小时不间断地向体内输送化学物质，纠正或恢复大脑中某种化学物质的失衡状态。很少有直接证据表明患者存在任何化学失衡，甚至没有间接证据可以表明人群中存在这种失衡。化学失衡理论不过是一个营销神话罢了。

化学依赖性不是我们想要的结果。恰恰相反，我们希望：

- 将注意力从对问题的执着转向我们未曾经历问题状态的时间和地点（背景）；
- 确定结果，而不仅是补救措施（我们将在第 8 章讨论这一区别）；
- 学习调节情绪或状态的强度。

情绪是一种近似于状态的感受，这一点很容易证明。想想你经历过的所有能被称为"幸福"的时刻。但要注意区分以下两种幸福之间的区别，一种是平静的满足感，另一种是在极度兴奋的时期感受到的排山倒海般的感觉。我们可以根据具体情况来调整状态 / 情绪的强度。这一点可以通过练习来实现。

卡罗琳讲述自己的故事

2013 年，我居住的社区被森林大火摧毁。当时我在州政府被安排开展社区重建工作。大约一年后，我发现自己在不断挣扎。我被诊断出患有几种精神疾病。

虽然最初的谈话是关于康复及恢复原有能力的，但我的治疗之旅逐渐演变为通过恢复训练及艺术治疗来获得新的目标感和韧性。

在尝试重返工作岗位后，我曾有一段糟糕的经历，我发现自己被工人补偿制度压垮了，并且已经发展到了因为焦虑和抑郁不得不接受药物治疗的地步。

我天真地向教练伊恩解释说，我患上了抑郁症，正在服用抗抑郁药物。他问我："是不是就像得了流感一样？"

"嗯？"我自己并没有完全理解他的这个问题。

"我是认真的，你是不是一整天都很沮丧，就像得了流感一样？"他问道。

在我进一步解释了自己想要表达的含义后，他让我开始写日记。每天，我都会记录 0（无）到 10（我经历过的最强烈的抑郁情绪）之间的抑郁强度。然后他给我安排了一项每天都要做的活动，他称之为"感官漫步"。

我的任务是每天沿着同一条路线穿过一片灌木丛，每次只能注意自己的一种感觉——我能看到什么、听到什么、闻到什么、尝到什么或感受到什么。

然后，我必须记录自己在散步时的沮丧程度。

当我在散步时，我发现自己并没有感到沮丧。当我每天把注意力集中在 15 分钟的漫步上时，我发现只有想到要回到那个我觉得有威胁的团队工作时，我才会感到沮丧。

最后，我决定离开，我不再为政府工作了，现在作为一名童书的创作者，我正在茁壮成长。

我再也没有吃过药。

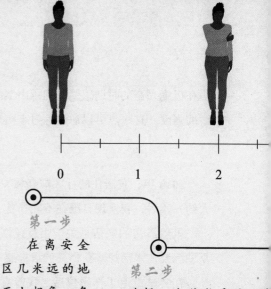

实践

情绪模拟练习

安全第一

在本练习中，请为自己的安全承担个人责任。如果你对自己能否安全地完成挑战抱有疑惑，那么请直接阅读下一节。当你阅读完这本书时，你可能已经准备好回到这项练习了，无论是独自一人还是在有经验的教练的指导下。

从你的生活中选定一个你感到安全的环境。在这个环境中选择一块区域，这里是你的安全区。圈出该区域的边界。如果你需要逃跑或休息，那么这个空间将是你的避难所。

进入安全区，回忆一下你最机敏的时候，并重新体验这种机敏状态5～10秒。然后走出安全区，摆脱这种状态。

再次进入安全区，回忆同样的状态。再出来一次，把它从脑海中甩掉。现在退回安全区，不要有意识地回忆。测试自己的状态是否转移到你锚定该空间时的状态。

在任何时候，如果你觉得你的注意力正在沿着一条你宁可不去探索的道路前进，你都可以回到安全区，将注意力重新定向到你锚定的记忆上。

第一步

在离安全区几米远的地面上想象一条线。标出0～10的刻度。你可以使用便利贴。

第二步

选择一个你熟悉的状态，给它贴上情绪标签并对其进[行]探索。焦虑、压抑、愤怒或[沮]丧都是常见的情绪。在地面[的]刻度上，0表示没有那种情[绪]，10表示你能想象到的那种情[绪]的最大值。

当你经历这种情绪时，[记]住时间、地点和当下的环境[，]问问自己：这样做的积极意[义]（预期好处）是什么？

站在与你感觉的强度相[对]应的位置，确保自己面向刻[度]10的方向。现在，沉浸在或[让]自己彻底融入你所识别的与[情]绪相关的环境中。运行身体[扫]描过程，了解你的身体是如[何]及在何处以这种强度创建[这]状态的。

4	5	6	7	8	9	10

第三步

当你进一步尝试调节情绪的强度时，要警惕任何变化。例如，当你沿着这条线移动时，隐喻和图像可能会随着感觉的变化而变化。

特别留意身体的感觉，沿着这条线向前走一步，强度增大。如果你从刻度6起步，那么处于刻度7是什么感觉？如果可以，请再次向前行至刻度8。

第四步

现在向后退，回到你开始的地方。通过身体扫描重新校准。

现在再后退一步。如果你在刻度6，那就退到刻度5。继续后退，你可能会到达刻度0。

第五步

练习前移和后移，并在这样做的同时识别身体中的细微差异。在刻度6处，感受6和6.5之间的差别，然后是6和6.1之间的差别。最后，沿着路线向前和向后移动，感受强度的微小增加和减少，体验细微的变化。

第六步

离开这条线，彻底摆脱这种状态。

注意发生了什么变化，哪里发生了变化，以及变化的强度是怎样的。你还可以进一步探讨以下问题。

- 产生了什么感觉？
- 当这种感觉产生时会发生什么？
- 感觉来自哪里？

如果无法完全关闭状态，那么你可能只能将强度降低到2，问问自己以下几个问题。

- 该下限是不是当下最有用的状态？
- 这是否足以作为行动的信号？
- 完全不同的状态是否更适合满足积极的意图？

关于压力的信念

凯利·麦戈尼格尔（Kelly McGonigal）教授在其广受欢迎的 TED 演讲中描述了如何让压力成为自己的朋友。

麦戈尼格尔教授提到的研究是阿比奥拉·凯勒（Abiola Keller）于 2012 年公开发表的有关压力的一篇论文。

凯勒在论文中得出结论：

高压力与身体健康或心理健康不佳有关。在近 1.86 亿个美国成人中，33.7% 的人认为压力对他们的健康影响很大，人们在高压力状态下过早死亡的风险增加了 43%。

虽然压力会导致心动过速等生理反应（反映出压力被视为外部因素），但只有当你对某些事情形成坚定的信念（如相信压力有害健康）时，它才会成为事实。

> 压力会使你心跳加速，呼吸加快，额头出汗。虽然压力已成为公共健康的敌人，但新的研究表明，只有当你相信这一点时，压力才可能对你有害。
>
> ——凯利·麦戈尼格尔教授

在过早死亡的人中，那些自认为承受压力，也认为压力对他们有害的人，很有可能并没有采取行动。这种不作为导致了他们过早死亡。

那些自认为有压力，却认为压力并非坏事的人，实际上却描述了另一种完全不同的状态。

我们建议，如果你正在对压力进行校准，而这种压力与肌肉紧绷、血管收缩、高血压或任何其他警告信号有关，那么你都该认真对待。与其忽视这些信号，不如去回应它们，采取行动来改变你的状态或环境。

我们建议从调整状态开始，这样更加灵活。我们通常从调整姿势和呼吸开始，塑造一个充满韧性的身心系统。

运用身体语言获得积极情绪

如果你想从沮丧中获得快乐，有时解决方案比我们意识到的还要简单。

我们最喜欢的见解之一来自查理·布朗（Charlie Brown），他描述了身体姿势与抑郁之间的关系。

查理·布朗说："如果你想从沮丧中获得快乐，那么你必须挺直身体，高昂着头。"

其他常见的说法，如"双肩下沉""昂首挺胸"或"放慢呼吸"，都能让我们认识到，调整身体姿势可以产生积极的变化。

姿势与情绪之间有着紧密关联

艾米·库迪（Amy Cuddy）教授在 TED 有关"高能姿势"的演讲是有史以来最受关注的演讲之一。在演讲中，她说姿势影响感知。她认为，扩张和开放的姿态与权力感相关。

随后，有研究支持了她的某些观点，尽管其他研究无法为她的说法提供佐证，但这并不是说这些说法是虚假的。研究结果无法复制，可能是因为实验设计环节薄弱。我们认为身体语言与情绪之间有很大的关联性，因此我们期待在这一领域能有更多的研究。

无辜者的痛苦

今天对一站式危机中心的访问与往常一样苦乐参半。我喜欢看到这些在这里工作的不可思议的人，他们孜孜不倦地为世界上最需要帮助的人提供一丝人性的光芒。

但我不喜欢的是，对即将面对的事情越来越明晰的预见感。

面对来访者，我必须立即抑制自己的情绪，而不是做出反应。

第一个来访者遭受了这样的境遇：一个 14 岁的女孩被家人强奸，很可能是女孩的叔叔、继父或兄弟。她发现自己怀孕了，母亲惊慌失措地殴打她。

女孩早产了好几个月并生下一个男婴。男婴立即被收养，女孩的家人已经与她断绝关系。

苏尼塔·图尔
（Sunita Toole）

拥有社会学、心理学和哲学的多学科背景，拥有法学博士学位。她的专业领域是与女性罪犯、弱势受害者，以及政府、非政府组织及警察合作，制定政策、提供培训，以满足弱势群体的需求。

类似的报道还有很多：一个 12 岁的女孩怀孕 5 个月、一个 5 岁的女童遭到强奸，还有被虐待的女性、贩卖人口的受害者，等等，所有人都在这里寻求帮助和保护，她们常常陷入沮丧与绝望的旋涡。

在一年多的时间里，这里接待了成千上万个妇女和儿童，她们迫切希望得到基本的护理，至少在短期内如此。然而对许多人来说，未来的境地也并不乐观。

我看着来这里寻求帮助的女性，知道她们每分钟都沉浸在无辜者的痛苦中。

在这里，没有任何地方可以让你躲避人类的残酷。我从施助者身上看到了人类宝贵的助人精神。

我为他人的奉献精神感到谦卑和鼓舞。即使经过训练并具有韧性，我依然感到责任重大，并深刻意识到行动的必要性。

我再次转移注意力，进行有节奏的深呼吸，并大声说："我能做些什么来帮助你？"

卓越链

即使经过训练并具有韧性，我依然感到内疚、责任重大，并深刻意识到行动的必要性。

卓越链是一个有用的变动序列，它将状态作为行为与表现的关键杠杆点。研究表明，状态与生理系统有关，而生理系统又与呼吸的关键动作有关。

你可能听到有人说："深呼吸，你就会好的。"

卓越链中的四个环节就是个人塑造韧性和提升表现的基础。

一项简单的练习

在坐姿状态下深吸一口气，然后屏住呼吸，同时尽可能地收紧肌肉。保持肌肉的张力，直到你无法再屏住呼吸。

注意身体的感觉。

接下来，再次深吸一口气并屏住呼吸。这一次，完全放松你的肌肉（在这样做的同

呼吸是生理变化的杠杆点。有效的呼吸来自良好的姿势，同时，有效的呼吸也可以用来创造良好的姿势。

状态是一个用来描述感知、思维及决策的词语。我们可以在以下四个相互关联的系统中找到改变状态的杠杆作用：神经系统、生理系统、生化系统和微生物系统。通过改变状态，我们会对性能或行为产生影响。

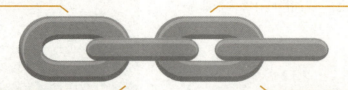

生理是韧性状态的基本要素。通过呼吸、某种姿势或运动，我们可以调整状态。

表现或行为，特别是与压力下的韧性相关的表现，是行动、言语及与外部世界之间的关系的模式。

时进行身体扫描）。

最后，保持放松的姿势（不要紧张），深吸一口气，保持 10 秒，然后慢慢呼气，再深吸一口气，保持 10 秒。

你可以多次重复这一过程并注意身体的感觉。

许多演讲者会利用卓越链帮助自己在当众演讲前做好准备。优秀演讲者的呼吸总是很深、很平。他们的姿势是放松和直立的，整体状态与其表述的内容相符。

没有经验或感到焦虑的演讲者往往呼吸过快，喉咙发紧，含胸驼背。

如果有疑问，请记住，一切都是从呼吸开始的。至少，记住吸气，然后呼气。

呼吸练习

科学家已经开始重视刻意呼吸的机制和益处了，印度的瑜伽师早在大约 6000 年前就发明了瑜伽中的呼吸技巧。

战斗还是逃跑

当交感神经系统被激活时，心率也会因进入高度警觉状态而加快。这种高度兴奋的状态被称为"战斗－逃跑反应"。因为这一反应能增强力量、速度和注意力，所以在紧急情况下，这些被唤醒的状态可以非常灵活。

所有哺乳动物在感觉到危险时都会激活交感神经系统。当威胁过去时，它们通常会重新恢复到放松的警觉状态。虽然其他动物也不能免受创伤，并且同样能够清楚地记住过去的事件，但人类似乎会反复思考，在脑海中一遍又一遍地重演，甚至能达到前所未有的程度。当我们身处担忧、压力和焦虑的状态时，毫无源由的想法会激活交感神经系统。

这种被唤醒的状态可以在紧要关头挽救我们的生命，但对大多数日常任务来说却是过度的。当我们在这种过度活跃的状态下花费太多时间时，我们会经历倦怠、严重的健康问题甚至早亡。

在日常情况下，如在车流中开车、在繁忙的超市中购物、哄孩子睡觉或走进办公室，我们有必要降低交感神经系统的强度。此外，激活我们的副交感神经系统也很重要，这是一种心率降低的状态，与平静、恢复、创造力和全面休整有关。

这可能是因为，通过刻意放缓呼吸，我们可以模拟在副交感神经的放松状态下自然发生的那种呼吸。你见过焦虑或紧张的人能缓慢且有节奏地呼吸吗？可能不会。

有几十种不同的呼吸模式可供人们在不同的目的和环境下使用。不过，请注意某些医疗条件或极端活动的禁忌证，如屏气潜水前的过度换气。如果你有任何呼吸问题，请在尝试以下呼吸模式之前向医生咨询。

我们在此处强调的呼吸模式具有合理的科学依据。我们还提供了一个简单的过程，帮助你发现自己理想的呼吸模式，提高表现。与所有练习一样，如果你感到不适或接收到某种呼吸模式不适合你的信号，请停止并重新校准。

箱式呼吸法提倡缓慢、有节奏地呼吸，以便快速、自然地减少过度紧张的状态。尽管在科学文献中几乎没有支持性证据，但我们从自身应用及轶闻中了解到，箱式呼吸法对练习者很有益处。

> 许多人永远不会被空气污染所困扰，因为他们不会停下来深呼吸。
>
> ——维克兰特·帕赛（Vikrant Parsai）

箱式呼吸法

箱式呼吸法与美国海军海豹突击队在训练中使用的模式相同。

- 用鼻子吸气，数到 4。
- 屏住呼吸 4 秒。
- 用嘴呼气，数到 4。
- 屏住呼吸 4 秒。
- 重复上述步骤。

为了充分利用箱式呼吸法，请每天练习几分钟。通过定期练习，它就会成为一种无意识的反应。

提升适应力的两种呼吸模式

一些呼吸模式旨在纠正过度换气，而另一些则强调进入过度换气状态。

"布泰科呼吸技术"以俄罗斯医生康斯坦丁·布泰科（Konstantin Buteyko）命名。布泰科医生声称，该呼吸技术可以通过使用鼻腔呼吸、调整呼吸频率等技巧来治疗哮喘等疾病。研究发现，尽管这种呼吸练习的益处有极大的不确定性，但许多人仍然坚持使用这种方法。

维姆·霍夫呼吸法和为自由潜水开发的屏气技术是另外两种被广泛使用的呼吸模式。这两种模式都基于呼吸训练和稳定的内感受。在自由潜水运动中，潜水者要接受呼吸暂停屏气训练，他们会将面部浸入水下来激活潜水反射（也称潜水反应），使身体优先向心脏和大脑分配氧气。它还包括对逐渐增强的呼吸信号进行仔细的校准，因为受试者学会适应越来越多的二氧化碳积聚（呼吸触发因素）。维姆·霍夫呼吸法也通过类似的方式提升人的耐受性。

这两种技术都可以帮助我们提升适应力。

维姆·霍夫呼吸法

维姆·霍夫呼吸法是以被称为"冰人"的极寒运动员维姆·霍夫（Wim Hof）命名的。

维姆·霍夫呼吸法的优点包括：

- 增加能量；
- 改善睡眠；
- 增强身体机能；
- 减少压力；
- 提升耐寒性；

- 提升复原力；
- 强健免疫系统。

霍夫创造了 20 项世界纪录，毫无疑问，他是非凡的。问题是，其他人也能通过他的方法获得类似的结果吗？

答案似乎是肯定的。研究结果表明，维姆·霍夫呼吸法能够改善自主神经系统和免疫系统。经过训练的志愿者的肾上腺素水平升高，这反过来促进了抗炎症介质的产生，随后抑制了促炎症细胞因子反应。

这意味着，逐渐暴露于寒冷的环境下，我们都可以通过学习良好的呼吸模式，同时有意识地与我们的内心世界建立联结，来大大提高我们的韧性。逐渐暴露于具有挑战性（如极端寒冷）的环境对塑造韧性很重要。

重要的是，调节呼吸的作用似乎远远超出了改善情绪等主观体验。在水下环境中，这甚至意味着生与死。

水下生存训练

在美国海军陆战队的一项试点研究中，本书的作者对海军陆战队队员进行了训练，将屏气技术、放松及感知变化结合在一起，显著提高了队员的水下生存能力。

海军陆战队侦察分队是由受过训练的精英技术人员组成的，他们要在水陆交界处执行任务。他们发现，这些怀揣抱负的海军陆战队侦察兵中居然有很大一部分人都没能通过游泳测试，这实在令人费解。

标准军事训练往往会鼓励较短的屏气时间。学员在水下游泳时处于高度兴奋（增加氧气使用）状态。训练被视为"压力测试"，而非"放松测试"。许多人错误地认为，呼吸信号意味着氧气含量较低，而事实上，它表明二氧化碳正在不断积聚。

在试点研究中，每个海军陆战队队员都被教导如何在保持可操作性的同时，以深度放松的状态进入游泳池。我们使用了三种主要的放松技巧：身体扫描、舌抵上腭及屏气技术。

通过短短几个小时的水下生存训练，所有海军陆战队队员都提高了静态屏气的能力。

- 在 5 天的训练中，他们的平均屏气水平提升了 147%。
- 一名海军陆战队队员将最长屏气时间从 30 秒提高到 3 分钟。
- 一名未通过游泳测试的新兵在经过大约 5 分钟的指导后，游泳距离提高了 140%。

本章介绍的呼吸法会产生截然不同的效果，可适用于多种情况并满足不同需求。

例如，维姆·霍夫呼吸法不能应用于任何可能产生负面或可怕后果的情况，如在醉酒、自由潜水或驾驶车辆时。在专家监督下接受培训时，呼吸暂停和自由潜水技术通常是安全的；然而，即使是经验丰富的自由潜水员也会发生水下昏厥，只有依靠思维敏捷、行动迅速的潜水伙伴才能存活下来。

我们不止一次发现，每种需求都有一种最佳的呼吸模式。我们鼓励你在安全的范围内探索自己的呼吸模式。

为了发现什么最适合你，请在任何情况下问自己这个问题，并找出答案：
在你保持韧性并表现出最佳状态时，你的呼吸是怎样的？

太阳能电池板

我们已经知道，有意识地呼吸会影响身体姿势和表现。那么反过来，我们同样可以通过刻意改变姿势来调整呼吸。改变生理状态是我们进入高性能状态的简单方法。学习校准和调整生理倾向可以帮助我们激活、稳定并维持高性能状态。

丹尼尔·摩尔（Daniel Moore）是新西兰的表演教练，专门帮助人们从创伤和持续疼痛中恢复。他也是一位骨科医生，用温和的动作纠正骨骼错位，缓解压抑的情绪。摩尔用一个简单的比喻（太阳能电池板）来帮助人们理解近乎完美的姿势所蕴含的力量。

钢铁侠胸前有一个奇妙的装置，它能给他提供能量。

——丹尼尔·摩尔

接下来你将学会如何安装自己的太阳能电池板。

- 想象一下，你的胸前放置着一块太阳能电池板。调整姿势，使太阳能电池板倾斜，以便被阳光直射。
- 注意你的肩膀如何与耳朵和臀部自然对齐。
- 注意你的呼吸是如何变得轻松、容易的。
- 确保你的肩膀没有紧张感。
- 一旦你的太阳能电池板被激活，你就可以四处走走。注意你的感觉。
- 最后，打破状态，甩掉电池板，看看回归正常的姿势是什么感觉。请注意前后感觉之间的差异。

通过这个简单的练习，你可以观察良好的姿势及自然呼吸所带来的不可思议的变化。在某些情况下，多年的抑郁或持续焦虑会消失。

下次，当你进入一个令你感到紧张的环境时，花点时间激活你的太阳能电池板，或者做一次快速的身体扫描，并注意你对未来的感知发生了哪些微妙的变化。

神经系统

当我们提到思考时，通常首先想到的便是大脑。

不过，我们在思考和体验时，不仅使用了大脑，还动用了整个神经系统。

我们的大脑与外周神经系统使我们能进行复杂的思考。无论是已知的还是未知的领域，大脑都提供了启发或欺骗的可能性，这取决于我们如何使用它。

当我们的大脑产生想法和概念时，我们的神经系统还确保我们会体验到相关感觉。我们不仅能感觉到自己的想法，我们的感觉也能成为我们的想法，就像图像、内心的声音及自我对话一样。

我们的大脑和神经系统与其他身体系统相连并受其影响，因为我们是作为一个整体而存在的，而不仅是各个部分的总和。

我们应避免以下两种常见的误解。

第一，思考发生在大脑中。有证据表明，思考只是涉及大脑的一种分布式功能，它也涉及肠脑和心脑。

认知是一个更好、更普遍的术语，它包含了思考。我们自始至终都使用"思考"这一常用术语。在这方面，我们认为，按照所谓的 4E 认知理论（具身认知、嵌入认知、生成认知、延展认知），思想是嵌套在外部世界的更广泛生态系统中的内部生态系统的组成部分。

第二，思考只能通过自我对话在听觉通道中发生。事实上，我们知道，左脑解释器只是为更广泛的认知网络中已经做出的决定提供最合适的解释。思考涉及所有感官。通常，我们最好的决策发生在我们可以使用诸如舌抵上腭或心流等技巧来停止自言自语的时候。这就允许其他感官在思考中发挥更重要的作用。

根据我们的经验，在塑造韧性的许多应用场景中，通过自言自语表达的所谓理性思维被高估了，特别是在高风险、高压的复杂情况下。

生化系统

> 活细胞不仅需要能量来实现其所有功能，还需要能量来维持其结构。如果没有能量，那么人类和自然界的一切活动都将停止。
>
> ——阿尔伯特·森特·哲尔吉（Albert Szent-Györgyi，诺贝尔医学奖获得者）

生化系统影响状态。如果你想寻找证据，只需要看看吸毒者突然戒毒的例子，或者看看那些试图戒烟、戒糖或戒咖啡因的人所经历的影响。

营养对能量和健康而言至关重要。过多、过少或种类错误的饮食都会导致不良的健康状况，这可能会产生连锁反应，以微妙甚至戏剧性的方式影响我们的感受。

在现代社会，饮食对韧性和幸福感的影响极其广泛。营养食品和清洁饮用水已经被加工食品和甜味饮料所取代，这意味着精制碳水化合物及不健康的反式脂肪的大量摄入。

过度摄入碳水化合物会导致成瘾、胰岛素抵抗和代谢综合征（一系列生理及生化状况，包括高血压、高血糖、腹部脂肪过多及胆固醇水平异常，所有这些都与心血管疾病和糖尿病有关）。显然，代谢综合征对韧性也有着深远的影响。

生活需要能量，我们需要确保饮食足以激发我们的好奇心、探索欲及深度参与的欲望。然而，有些食物会破坏能量和新陈代谢，导致我们在进餐后产生明显的嗜睡感。碳水化合物会对身体状态产生快速的影响，通常是一开始能量激增，然后产生倦怠感。一顿富含碳水化合物的餐食会引发胰岛素分泌高峰，进而产生更多的色氨酸和 5- 羟色胺。这些化学物质最初会让你感觉良好，然后则让你感到昏昏欲睡。

没有一个营养计划堪称完美，俗话说"甲之蜜糖，乙之砒霜"。每天训练两次的运动员所需的碳水化合物、脂肪及蛋白质的量与老年人完全不同。那些减肥的人与需要增重的人有不同的营养需求。我们鼓励人们安全地尝试适合自己的饮食结构，并考虑每天的营养需求及饮食结构的季节性变化。

进步的代价

虽然从技术上讲，我们可能超越了祖先几光年，但几个世纪以来，生物学并没有发生太大变化。我们的细胞仍在使用营养物质并制造能量。如果我们突然或彻底背离传统的饮食方式，就要小心不可预见的负面影响。其后果可能是对韧性和福祉造成灾难性的影响。

一条简单而实用的经验法则是只吃在田野、果园、河流、海洋或天空中生长的东西。

如果你选择吃人造的、含有化学成分的食品，那么对你来说改变状态就是一项挑战，这一点无须惊讶。你可能需要思考该如何处理你摄入的有害物质。

食用优质食物使我们能够将储存在植物和动物细胞中的能量直接转化为我们自己的能量。营养、阳光和幸福感之间存在着重要的联系，其中一个关键联系涉及食物、阳光、韧性、疾病和死亡率之间的复杂的相互作用。

阳光的重要性

季节性情感障碍（Seasonal Affective Disorder，SAD）在高纬度国家十分普遍，在那里，冬天日照时间的减少使人们更愿意待在室内。SAD 与抑郁症有许多共同的症状，包括精力不足、嗜睡、睡眠不足及食欲减退。在冬季，心血管疾病导致的死亡率也显著增加，这在赤道国家并不常见。

SAD 与人体内缺乏维生素 D 相关。维生素 D 是人体接受阳光照射而产生的。许多 SAD 患者试图通过补充维生素 D 来改善自己的症状，但似乎没有什么效果。

鉴于人们对皮肤癌的普遍担忧，来自悉尼的执业医师保罗·梅森（Paul Mason）博士提出了一个至关重要的问题："我们如何在最大限度地降低罹患皮肤癌风险的同时，从阳光照射中获得更多我们需要的物质？"

虽然梅森警告说，人与人之间存在个体差异，但在通常情况下，人们在接受日照时应尽量使皮肤暴露在阳光下，同时要避免在紫外线较强的正午接受暴晒。

如果你的状态随季节而变化，或者每天都有变化，那么定期接受阳光照射可能会有所帮助。

微生物系统

微生物群是指在我们体内和皮肤上共生的微生物。

众所周知，无菌环境对我们来说并不像曾经认为的那样好。如果你一直住在山洞里，那么与那些住在定期清洗和消毒的现代公寓里的人相比，你的体内可能拥有更多样化和更有韧性的微生物群。

多样的微生物群包括细菌、真菌、寄生虫和病毒，它们共同负责基本代谢活动，以及 5- 羟色胺等生物活性化学物质的产生。神经递质 5- 羟色胺起着调节情绪的重要作用。最近的研究表明，95% 的 5- 羟色胺都是由微生物产生的。5- 羟色胺也是备受争议的常见抗抑郁药物（选择性血清素再摄取抑制剂）的中心化学物质。

如果你仍然像许多人一样相信思考只发生在大脑中，那么你可能会惊讶地发现，如今已经有证据表明，肠道微生物群在大脑功能发育的病理学中起着重要作用。

许多研究支持"微生物 – 肠 – 脑"轴的存在，其中微生物通过内分泌系统、神经系统和各种免疫信号与中枢神经系统进行通信。由于肠道中的微生物发挥着如此重要的相互关联的作用，因此菌群失调很可能会影响我们的状态。相反，所谓的应激性肠道功能障碍也可能通过负反馈回路增加人们罹患精神疾病的风险。

作为微生物群与状态之间强有力联系的进一步证据，我们可以考虑微生物与孤独症谱系障碍之间的关系。

在过去的几十年里，行为符合孤独症谱系障碍诊断标准的人数迅速增加。这不仅是因为更广泛的测试及更广泛的诊断标准，令许多人惊讶的是，肠道微生物群似乎与孤独症的一些相关症状有关。2019 年的一项研究表明，通过革命性的粪便移植技术，被诊断为孤独症的儿童可受到长期的有益影响。在治疗两年后，肠道健康状况的改善和孤独症症状的减少依然持续存在，与语言、社交及行为相关的核心症状减少了 45%。

抗生素的过度使用在一定程度上与越来越多的孤独症诊断有关。尽管抗生素是人类最伟大的医学成就之一，但过度使用抗生素对微生物群可能会有长期影响。

更广泛地说，我们似乎过于依赖能够治愈一切的神奇药丸。20 世纪 50 年代，当改变情绪的药物大受欢迎时，我们开始用药物对自己不希望出现的状态（如抑郁、焦虑或压力）进行抑制，与更困难但干扰较小的干预措施相比，我们更喜欢快速修复。今天，许多人正试图扭转这一趋势。整体方案再次受到青睐，人类健康和福祉被视为更大的生态系统的组成部分，每个部分的影响都是"牵一发而动全身"。

如果有一种治疗慢性精神疾病或神经疾病的东西存在，那么它一定不是某种药物，它很可能是一种以微生物为中心的整体健康方案。

也许我们还需要扩展心智的概念，并将微生物群纳入人类范畴。

实践

具身可视化

研究表明，在打高尔夫球、打篮球、弹钢琴、攀岩、教学或发表主题演讲等活动中，具身可视化可以改善学习效果，它强调所有感官的参与。

以下是具身可视化的分步指导。

第一步

确定一个未来事件。

例如，你将迎来一场公开演讲，你想要以最佳的状态参与其中，并很好地管理演讲时间。

第二步

确定你希望收到的反馈。什么样的反馈可以表示成功？你会看到、听到和感觉到什么？

它可能是人群中的人俯身仔细地听你在说什么；它可能包括当你意识到自己的信息正在被广泛接受时建立起信心；它还可能包括更长远的好处——可能是更广泛的社交网络，或者能为企业提供更多服务。

想象一下，在你周围的空间里，观众就在这里。

第五步

后退一步，远离你在视觉和听觉上创造的环境，摆脱这种状态。在你对这项技术感到舒适的同时，保持身体放松。请注意你在这一重新创建的情境中的状态与当前状态之间的差异。

我们建议你反复使用这种具身可视化技术，直到它成为你的第二天性，直到你可以在任何情况下运用它来提升你的表现。

第三步

在这个空间里，你看到和听到了什么？在这场未来活动的真实版本中，检查你的状态是否适合该任务，并使用卓越链进行微调。你可以通过夸张或微动作在活动中进行调整。微动作的好处是，你可以在公共场合以这种方式练习，而不会引起别人的注意。

想象自己在人群面前讲话，你可以听到自己的声音和人群中的噪声。你可能会感觉到手放在讲台上，或者你可能会感觉自己手中拿着一个麦克风。而你的内心，可能会感觉到一种信心增强的状态，或者留意到自己在压力下稳定的心率。

通过这种方法，你可以在不离开家的情况下将这种公开演讲的体验完全具象化。

第四步

如果你只练习事情进展顺利的情况，那么你可能会对现实生活的不确定性准备不足。使用合理的情境进行一些压力测试将帮助你做好准备，以防事情不按计划进行。你可以自己创建，也可以与扮演破坏者角色的伙伴合作。

想象一下，当你再次进行公开演讲时，前排有人睡着了，你将如何应对？麦克风突然静音了，或者幻灯片突然无法播放，你该怎样做？

05 —

转换认知视角

在自我、他人及观察者这三种视角之间进行转换是具有韧性的人的一项必备技能。

三种认知视角

在不同的视角之间进行转换是具有韧性的人必备的一项技能。

我们何时、何地及以何种方式关注自己、他人及周围的环境，会对我们的思想、行为、表现，以及我们在工作、娱乐和日常生活中的整体体验产生影响。

早在这些区别出现在书面记载之前，人们就开始有意识地使用和发展这三种不同的认知视角（自我、他人及观察者）了。

大多数人每天都在某种程度上切换认知视角，却并未意识到这一点。然而，就个人而言，人们切换认知视角的深度或频率存在很大差异。大多数人未经训练，无法清楚、明确地在不同的认知视角之间进行转换。相反，它们处于融合了这三种视角的混合状态。

第一视角

> "从我的角度来看。"
> "透过我的眼睛看。"
> "如果你身在我的处境。"

第一视角是我们自己的认知视角，它包括我们通过自己的眼睛看、耳朵听、嘴巴尝、鼻子闻和身体感觉；它还包括我们通过知识、信仰、价值观、喜好、偏好和动机等形式体验世界。

幼童经常采用第一视角。在心理学中，它有时被称为"自我中心视角"或"自我沉浸视角"。

在第一视角中，人们在对话中称自己为"我"。这当然是显而易见的，在发展和区分第二视角和第三视角时，这种区分是有用的。

个体经常将第一视角与各种个人隐喻联系在一起。如果你要求某人站在你的立场上换位思考，那么你就是在以第一视角说话。

从第一视角出发的高质量具身思维是韧性、良好表现及幸福感的关键。

我们可以提高自己的第一视角能力，但值得注意的是，过犹不及。

许多令人难以置信的例子表明，人们可以通过对第一视角的深刻理解来获得感官适应。有研究发现，一些盲人能够通过类似蝙蝠和海豚使用的回声定位法将声音重新映射成图像；精英运动员、自由潜水员和高海拔登山者能够通过有意识的努力减缓心率，使自己能够在极端环境中生存。

有研究初步表明，人类甚至可能具有检测信息素的潜在能力，如在恐惧和觉醒过程中释放的信息素。长期以来，我们一直认为只有动物才能做到这一点，但最近的尖端研究表明，情况并非如此。

站在第一视角让我们有机会借助丰富的故事分享经验。只有当我们对自身需求有了健康的认识，并具备与他人沟通的能力时，我们才能开始培养韧性。然而，我们必须准备好走出这一认知视角。如果我们完全沉浸在第一视角，就会成为利己主义者——无视他人的感受、需求和立场。仅从第一视角出发会导致态势感知的缺乏。当我们确信自己的观点是唯一重要的观点时，就无法再解读周围环境了。

当试图与自私的人达成协议时，我们都经历过这种情况：他们立场坚定，拒绝与其他人沟通，只是等待着轮到自己发言（更糟糕的是，他们甚至不会等待，而是直接打断）。他们很少会听取或欣赏其他观点。这就是当第一视角过头时会发生的事情。

第二视角

第二视角（也被称为"模拟主场"或"主观立场"）是我们假设自己拥有另一个人、动物或事物的认知视角。

通过感知另一个人的呼吸、姿势和动作，我们可以获得接近第二视角的立场。然后，我们可以开始考虑其他人是如何看待事物的，通过他们的眼睛去看，通过他们的耳朵去听，感受他们的感受。

为了加深体验，我们可以跟随他们的注意力，微妙地对他们的行为进行反应，模仿他们对世界的反应方式。我们越向前走，就越能了解他们所看到的东西，以及他们如何过滤自己对世界的体验。这有助于我们了解他们的信仰、价值观和动机是如何对他们的观点产生影响的。

第二视角的例子包括一些母女或母子之间，或者同卵双胞胎之间经常经历的深刻联结；演员超越模仿，完全扮演角色，并成为角色。这也是任何行业学徒学习的方式：通过密切观察和模仿行家的隐性知识，直到自己成为专家。

站在第二视角，想象一下别人眼中的自己。第二视角的"你"，在想象中的两人对话中指的是你自己。当你以第二视角说"我"时，指的是你所栖居之人的视角。

许多人通过各种隐喻来描述第二视角。你可能会告诉某人，你想穿他们的鞋子走路，或者通过他们的眼睛看世界。如果你试图看到他们所看到的或经历他们所经历的，那么你就处于第二视角。

通过对镜像神经元的研究，我们了解到，大多数人天生就能体验运动，并能由此扩展到对他人的情感体验。人类、灵长类动物，可能还有其他动物，从很小的时候就能自然地进入第二视角。这是人类学习的基本方式。

这种创造体验的能力就像我们站在另一个人的立场一样，被视为影响我们学习能力的要素之一。例如，在一项针对小学高年级到初中低年级学生的研究中，研究人员发现，那些有能力对他人的观点进行评估和描述的学生的学习成绩往往高于那些缺乏这类能力的学生。

穿着你的鞋子走路。
透过你的眼睛去看世界。
如果我是你。

共同的第二视角是融洽关系的核心，即对他人有同理心，具备人际交往技能，能够进行有效的团队合作和社会合作。

然而，与第一视角相同，保持正确的平衡至关重要。有些人的第二视角可能不太发达，也可能被过度开发和利用。

患有孤独症的人很难建立融洽的关系，他们在同理心、模仿、游戏及社交方面也常会遇到困难。拉马钱德兰认为，他们的镜像神经元回路的功能与常人不同。

当处于第二视角时，人们便会过度关注别人的想法。有些人甚至不能自己做决定，他们会无休止地因别人的意见而感到苦恼。

在电影《我的左脚》（*My Left Foot*）中，丹尼尔·戴·刘易斯（Daniel Day Lewis）扮演瘫痪的克里斯蒂·布朗（Christy Brown），他在拍摄间隙拒绝离开轮椅。他想真正体验这个角色，这为他赢得了奥斯卡奖，但也让他在轮椅上持续弯腰驼背，导致肋骨骨折。

从专业角度来看，在医疗和护理行业，第二视角往往容易过度。一线专业人员经常会在下班回家后，无法摆脱患者或客户的考验、磨难及创伤反应。这可能导致职业倦怠，并诱发继发性创伤应激反应。

第三视角

第三视角有时被称为"观察者视角"。在这个位置上，观察者能清楚地感知世界，好像他们远离了第一视角和第二视角。他们并非参与者，而是观察者。

在第三视角中，人们充满好奇心，在环境中将自己作为行动者之一进行观察。在认知心理学中，这被称为"自我抽离视角"。

经常处于第三视角的人包括急救医务人员和士兵，过多的第一视角或第二视角会妨碍他们的工作。科学家往往从相对客观和满怀好奇心的立场出发，有足够的距离来避免自己产生偏见，因此许多科学家尽量避免从第一视角出发。大多数科学家能够相对轻松地在不同的认知视角之间切换。例如，爱因斯坦以他的第二视角体验而闻名，在此期间，他感觉自己离开了身体，居住在一个以波的形式传播的光粒子上。后来，在讨论科学、哲学和政治时，他明显表现出了站在第三视角发表观点的能力。

从第三视角来看，人们通常将"那边的"自己称为"他／她"，或者当自己与另一个人对话时，称自己为"他们"。

许多人通过各种隐喻来描述进入第三视角的情况。你可能听到诸如"后退一步""鸟瞰"或"像树上的小鸟一样观察"之类的话。这些隐喻意

向后退一步。
鸟瞰全局。
做一名置身事外的旁观者。

第三视角

味着空间在感知和意义构建中的重要性。我们的位置是相对于我们可以占据的其他位置，以及占据我们周围空间的人或物体的位置而言的。

在面对威胁时，距离决定了我们的反应。例如，我们对远处奔跑的狮子的下意识反应不同于对出现在我们脚边的蛇的下意识反应——这两种生物都可能产生威胁，但距离决定了我们的反应。

我们在任何环境中产生的微小变化都能帮助我们从新的角度看待过去、现在或未来的事件，从而真正改变我们的视角。这就是为什么"退后一步"的说法如此常见。通过抛开我们固有的想法，我们可以获得更抽象的着眼于未来的思考。

当我们对自己所做的事情进行反思时，使用第三视角可以建立边界感。它让我们变得不那么情绪化且更加客观。

当我们以第一视角回忆潜在的创伤性事件时，所有感官都在以第一视角启动。如果不好的记忆被激活，那么我们可能会再次陷入过往的经历，就像重复播放一部老旧的黑白电影。

对于具有挑战性的情况或关键事件，一种稳健且低风险的方式是使用手机的视频功能向自己汇报。然后从第三视角观看视频，聆听并记录视频中的人（你）的非言语模式。参与者在这样做的时候总是会学到一些新的东西，他们通常会很快确定自己应当做些什么来改善自己。

与第一视角和第二视角一样，第三视角也可能过度。常见的例子包括一些医生、科学家和工程师被认为过于理性和冷漠。一些一线急救人员通常需要一个异常强大的第三视角来应对源源不断的创伤患者。危险在于他们变得与患者过于疏远，开始像对待机器一样不带感情地看待他们。他们也需要学会以超然的态度面临各种情境。如果不这样做，那么他们很难对那些需要帮助的人产生同理心。最糟糕的是，他们还可能将工作中的第三视角带入个人生活，与所爱的人变得冷漠和疏离。

所有视角都很重要，有时我们可以通过某个视角获得纯粹的体验，这意味着摆脱其他视角的痕迹。在这方面，第三视角是人们在第一视角和第二视角之间进行转换的清洁剂。

发展第一视角

　　当你处于第一视角时，你可以感觉到此时此刻的世界，这就是活在当下。你还可以从第一视角回忆过去的事件或想象未来的场景。我们会在此说明这些区别。

　　身体扫描与感官漫步有助于我们发展第一视角。第 4 章对这两个过程进行了详细的描述。

　　当你从第一视角回忆过去的事件或想象未来的场景时，你不会看到自己单独站在"那边"的某个地方。这是第三视角的视图。你会透过眼睛看到这个场景。你仍然可以使用身体扫描来校准或发展对身体感觉的意识，与此同时在过去或未来获得第一视角的体验。

　　对想象中的未来场景进行沉浸式的第一视角体验，有助于我们对可能发生的事情及我们可能做出的反应产生丰富的理解。它允许我们想象、测试、校准和联结对我们来说重要的东西。我们还可以考虑可能存在的风险或对潜在的不利因素做好应对准备。同样，我们可以使用身体扫描来质疑和感知具体的信号。

实践

发展第二视角

当你处于第二视角时，你可以通过别人的感官来体验这个世界。你也可以想象自己成为某个动物或物体，就像爱因斯坦对光粒子所做的那样。

第二视角可以适用于当下，或者你可以在回忆过去的事件或想象未来的场景时应用第二视角。此处提供的示例是当下的场景。

第一步

确定一个你想要更好地了解其经历的人。这个人可能是你的伴侣或雇主，也可能是与你发生争执的朋友，或是坐在家里等你深夜下班回来的女儿。

第二步

让你内心的对话平静下来。使用我们前面描述的舌抵上腭法可能会有所帮助。

第三步

想象一下，你存在于这个人的身体里。你通过他的眼睛看，用他的耳朵听，与这个人同频呼吸。你模仿他的动作和手势，如果他移动右臂，你也会这么做。

我想念爸爸！

第四步

复制他人的身体动作，感受他的感受。在这个人的身体中"居住"足够长的时间，在这个环境中体验他的经历。如果在这个视角上发生内心的对话，那就是你想象中的他创造的内部评论。你可以想象关于那个人的内部评论，此时他看起来很像你！

当人们以这种方式使用第二视角时，他们经常会对自己产生的想法和直觉感到惊讶。

第五步

在你体验到第二视角后，把体验从你的身体中"抖"出来，彻底回到第一视角，完全成为你自己，回到当下。

一个小小的警告：在你开始使用第二视角为其他人建模之前，先设定一个意图，暂时只获取他的经验。当你回到第一视角时，不要带上他不好的习惯或行为模式。

实践

发展第三视角

当你处于第三视角时，你会从一个截然不同的角度去体验场景、他人，甚至是想象中的自己。和第一视角及第二视角一样，第三视角同样可以实时应用于回忆过去的事件或想象未来的场景。

第一步

我们有意识地保持好奇的状态，目的是在不加判断的情况下进行客观的观察。当我们从观察者的视角收集信息时，推断、解释，以及对意图和影响的考虑最好是延迟的，至少在最初是这样的。

选择一个你想作为公正的第三方进行观察的环境。这可能是你与伴侣或雇主之间的互动、与朋友之间的纠纷，或者你对当前工作状况的某个看法。

以下插图描绘了在此步骤中仍处于第一视角的人。

我看到那边有个家伙蜷缩在桌子上，我注意到其他人都回家了。

第二步（1）

此时转换至第三视角。离开你所在的地方，这样你就可以回顾你在那个环境中的投影全息图了。

这样做对于回忆过去和想象未来同样适用。退一步，看看你之前在第一个场景中的样子。

一定要摆脱你可能产生的任何感觉，保持好奇、公正的观察者的姿势和态度。

第二步（2）

检查你创建的第三视角是否具有第一视角的感觉或意图。如果是这样的，那就再次后退一步，甚至多退几步，去审视观察者，或者审视观察者的观察者。大多数人在第一次以这种方式后退一步时，都会经历重大的变化。它对第三视角进行了"清理"。在纯粹的第三视角下，观察变得更加客观。

第三步

一些人发现，获得第三视角的见解很有意义。因为他将第三视角的发现投射给了第一视角的他。

摆脱束缚，带上新的见解和选择回到第一视角。

大多数人反馈说，这种超脱的状态非常适合回忆富有挑战性的互动。

看看那个可怜的家伙在办公室工作到很晚。

我需要分类！我现在要优先考虑……

阿尔茨海默病患者的故事

我从 35 年的护理工作中学到的一件事是，试图让阿尔茨海默病患者相信他们正在经历的一切都是幻觉，是毫无意义的。在他们的世界里，一切就是绝对真实的，问题是我该如何灵活应对，才能给处于这种状态的人提供有效的帮助？

"玛丽在哪儿？""几点了？"我的一位患者埃尔西就像一张被卡住的唱片，不停地重复这两句话。

我轻描淡写却很慎重地回答，语气中带着思考和同情："玛丽今天去参加婚礼了，我来照顾你。""现在八点，是早餐时间，为什么不坐下来？"不到一分钟，她便再次问道："玛丽在哪儿？几点了？"说完，她起身向门口走去。这两个问题不断地在我耳边响起。渐渐地，我可以听到自己的声音越来越大，越来越尖锐，我的肩膀开始变得僵硬，耸到了耳根，脖子似乎都被埋了起来。我的回答变得愈加简短，我开始变得愤怒："我已经告诉你了……坐下……"我的世界都缩小了，仿佛耳边只能听到那个声音和那两个问题。

我什么都试过了：看电视、看报纸、坐在花园里、泡茶，但一点儿用都没有。"玛丽在哪儿？""几点了？"我能感觉到血液开始沸腾，我的脑子嗡嗡作响，我浑身冒汗，呼吸开始变得急促。我还要忍多久？

这份工作看起来很容易——作为护士，我要照顾一位阿尔茨海默病患者一天，因为她的家人要去参加婚礼。但那天我感觉就像被判了无期徒刑，遭受着永无止境的折磨。

我想知道如果让她一个人待着会发生什么。我是不是应该给机构打电话，假装生病，或者找其他理由，总

吉尔·鲁滨逊
（Jill Robinson）

一名经验丰富的护士，拥有 30 年的管理经验。她曾是多个学科团队的管理者，学科领域涵盖成人健康、社会工作等。

之摆脱这一切。

　　在那安静的一刻，我深深地
吸了一口气，慢慢地吐气，然后
又吸了一口气，再次吐气。我能
感觉到我的心跳开始慢了下来，
我能抬起头来感受周围的环境。
钢琴上放着一张老照片，照片中
是一位年轻貌美的女子，她朝气
蓬勃，面带笑容，有着一头棕色
卷发，和一个6岁左右的小女孩
手拉手坐在一架钢琴前。埃尔西
走进房间，这是我第一次注意到

有一瞬间，我成了埃尔西，在那一瞬间，
我知道了埃尔西在做什么。

她在搓着手，来回踱步，同时专注地看着窗外的路。刹那间，我成了埃尔西，就在那一
刻，我知道埃尔西正在做什么了——她在等玛丽，这个时候玛丽应该已经到家了，可她
还没有回来。悲伤的喊声再次响起："玛丽在哪儿？几点了？"我拿起照片，带着好奇的
神情指着那个小女孩。她的脸皱了起来，开始抽泣："玛丽……玛丽……我的玛丽在哪
儿？她为什么还没回家？"说完，她又冲到窗边向外看。在她的世界里，照片里的6岁
小女孩才是她的女儿，而不是那个去参加婚礼的玛丽。她的玛丽还没有放学回家，已经
很晚了，甚至有可能迷路了。我稳住了声音，直视着埃尔西的眼睛，轻松而有说服力地
断言："埃尔西，你记得，不是吗……她正在和朋友喝茶，今晚会准时回家睡觉。"埃尔
西停了下来，她看起来很困惑，然后故意点了点头，说："啊哈。"踱步、搓手和提问都
戛然而止了，在那幸运的解脱时刻，我问道："我想知道你愿不愿意教我弹钢琴，我听说
你很有天赋，这样我们就能打发时间了。"

　　在接下来的一个多小时里，我听着埃尔西全神贯注地弹着几支旧曲子，时不时地跟
着哼唱几句。就在那一刻，我知道自己今天可以坚持下来。

充分利用不同的视角

在理想状况下，我们都可以根据需要无意识地获得纯粹且独立的第一视角、第二视角和第三视角的体验。当首次探索和发展这些技能时，我们通常需要有意识的练习。在很短的一段时间后，不同的视角将会开始浮出水面。

一旦你可以在不同环境中自由地切换视角，你就可以在实践方面获得创造性了。

以篮球运动为例，科比和乔丹就经常使用这种方法：通过视频回放建模，使用第二视角捕捉竞争对手的运动模式。当然，这种方法也可以被推广到任何领域。

在三个视角之间切换的能力类似于心流。那些接受过心流训练的人经常报告说，当处于心流状态时，他们可以毫不费力地在一瞬间开启第一视角、第二视角或第三视角。在这种状态下，时间会减慢，感知也会发生变化。有些人报告说听到了自己的心跳；其他人则对自己的动作、身体位置或其他人的经历变得非常敏感；还有些人甚至报告称，他们看到了自己。

这些不同视角的潜在用途是无限的。我们可以自然而然地在某种程度上采取不同的感知立场，通过设计创造出一种真正的变革性体验。

06—

重视情境因素

人们常常把注意力放在鱼身上，而不是鱼所在的水上。我们不能仅从个人因素中寻找导致某些行为的原因，而是要重视情境因素的综合影响。我们与情境的关系对韧性至关重要。

泥坑里的猪，还是出水的鱼

"像泥坑里的猪一样快乐"指的是在自己喜欢的舒适区里完全自在的体验。"鱼儿出水"则描述了截然相反的情况，会让人想到一条鱼正在奋力挣扎，慢慢死去的画面。

我们与情境的关系，也就是我们每时每刻所处的环境，对一个人的韧性至关重要。

构建或描述情境并不是一个简单的过程。这个过程中充满了歧义、无意识偏见和感知差异。我们对情境的描述通常是对重要内容的高度浓缩。人们很容易误认为情境（如地点、人物及你当时正在做的事情）的影响十分有限，无论我们如何构建情境，始终是以感知作为边界的。以场所为例，你可能会想到自己的工作场所，或者你所在的社区、城镇、地区等。地点、天气、文化、政治、经济，以及诸如冲突之类的因素交织在一起，使情境成为一个略显复杂且不断变化的系统。我们如何界定这个系统将影响我们如何解读这个系统。

任何特定情境中的人都有自己的信仰和价值观，他们与自己周围的环境有着复杂的互动。

根据六度分隔理论，通过六个人你就能认识世界上的任何一个人。互联网和社交媒体正在打破物理、社会及政治边界，我们与他人建立联结变得越来越容易。

如果将所有因素及相互关联性都考虑在内，那么为特定情境构建一个普遍接受的框架是不可能做到的，也毫无意义。我们必须在特定的情境下对我们注意到的和忽略的因素加以限制。

我们在本书中多次强调，韧性是指我们在复杂、动荡的世界中对事件进行有效应对的能力，以及塑造或设计这个世界的能力。无论我们喜欢与否，我们都生活在一个充满不确定性且不断变化的世界中，唯一能够确定的是变化和死亡。

情境是如何影响我们的，我们又是如何对它产生影响的呢？这些问题大多被忽视了。它潜藏在我们的意识觉知之下。当我们意识到它如何影响我们，以及我们如何影响它时，我们就可以将一种全新的能动性带入生活。

　　这种动态关系始于情境意识。最显著的是，知道什么是重要且关键的。想象一下，某天晚上，你路过几家街头咖啡馆和酒吧。街上人来人往，人们神态轻松，音乐声和酒杯碰撞的声音不时传来。在马路对面，一个拿着棕色纸袋的男人跟跟跄跄地朝你走来，他抬头看向你。当一种新模式开始表露出迹象时，你的情境已经发生变化了。

　　你并不知道接下来会发生什么。如果这个人真的构成威胁，那么几乎可以肯定的是，你们之间的互动会在一定程度上影响结果。在这个例子中，因为你很早就注意到了情境的变化，所以你可以有很多选择。你可以后退，也可以直面冲突，还可以寻求他人的陪伴，等等。再试想一下，如果反过来，你错过了这些线索，直到他撞到你时才注意到他。那么留给你反应的时间会更少，选择也会更少。

　　另一个明显的例子与工作压力有关。他们收到的压力信号是否与整个公司及其使命和文化有关，或者压力问题是否局限于团队、领导者或项目本身？也许压力反应与差旅任务、工作地点、工作时间有关，甚至仅与公司里难喝的咖啡有关。

　　对情境中需要注意的重要内容进行具体化的解读，可以帮助我们调整自己的情境意识，进而指导我们更好地应对环境。这并不意味着我们可以控制一切。某些因素可能是我们很难或无法控制的。我们不想去控制那些不可控的事物，而是想知道如何以一种可接受的方式对环境做出最佳反应，从而以最好的方式采取行动。

　　在清晰领域与繁杂领域中，因果之间都有直接关系。在清晰领域中，大多数人可以看到因果关系是什么，不会有人对此提出异议，我们可以"感知—分类—响应"。例如，想象一下在国外租车。只要你坐在驾驶位上，你就会开始感知并进行分类。虽然不同国家的情况不同，但你知道应该走哪条路，以及如何应对复杂的路况。

肯尼芬框架

肯尼芬框架帮助我们认识到我们的感觉、采取的行动类型及所扮演的角色都会随着环境的变化而变化。肯尼芬框架包含多个视角，它允许我们以适合系统和我们角色的方式对情境做出反应。

肯尼芬框架包含五个领域。框架的中心是困惑领域；围绕着它的是清晰、复杂、繁杂和混乱领域。每个领域都有一定的特点并以不同的方式来应对情况、做出反应。该框架帮助我们接纳不确定性。它使我们能够理解有序系统之间的差异、混乱及复杂性，并对不可预测的事件做出反应。

清晰领域非常重要。然而，人们往往会低估建立秩序感的成本。试想一下，如果让所有英国司机都从靠左行驶转为靠右行驶，这将会付出多大

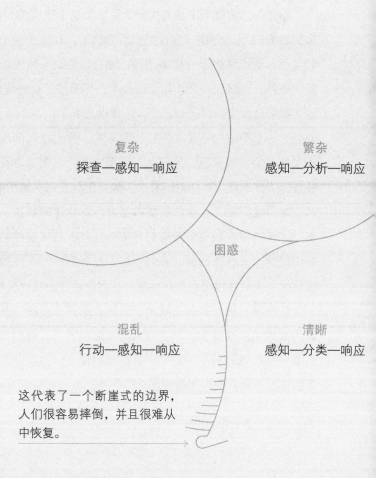

复杂
探查—感知—响应

繁杂
感知—分析—响应

困惑

混乱
行动—感知—响应

清晰
感知—分类—响应

这代表了一个断崖式的边界，人们很容易摔倒，并且很难从中恢复。

的代价！

当实际情况更加复杂或繁杂时，试图迫使人们进入清晰领域，很可能会令其陷入混乱领域。这就是为什么清晰领域与混乱领域之间呈现出一种断崖式的边界，它很容易倾覆且很难恢复。

我们可以在那些跌入谷底的公司中观察到这一点。柯达（Kodak）公司由于自满，未能实现从胶片到数码相机的创新。同样，如果不致力于个人发展，我们也可能会遭遇类似的挫折。

在繁杂领域中，虽然因果之间存在线性的、可重复的关系，但这些关系仅在专家眼中是不言而喻的。从专家的角度来看，这种情况可能出现在清晰领域。专家知道该如何调查或分析繁杂的问题。

繁杂领域的决策遵循"感知 – 分析 – 响应"模式。例如，你收集并分析数据的过程会告诉你，你该做什么。

值得注意的是，我们应避免这样的错误：在需要某种程度的细微差别或专家意见不一致的情况下，试图强加单一的解决方案（最佳做法）。例如，医生需要为病人开药以缓解症状，而不是去评估其个人、社会或经济因素。

如果专家的意见无法统一，而且当解决问题的方法不止一种时，事情就会变得复杂。

混乱是意义构建的起点

繁杂领域与复杂领域之间的界限十分重要。在繁杂领域，我们可以相信经过适当的训练，有资格的人能够做出准确的预测。在复杂领域，我们需要采取不同的方法，从扩大我们对专业知识的理解开始。在复杂领域，专家可能特别容易出现无意盲视现象。如果我们要对意外情况进行解释，就需要寻求不同见解。专家可能会忽略某些显而易见的事实——就像他们对大猩猩的 X 线影像所做的那样。

我能看出这是复杂模式。

对于塑造韧性来说，这可能意味着你要多听听其他人的观点。举个例子，如果有人正在极力解决一个复杂的业务问题，而你是专家。也许正是通过与这个非专业人士的交谈，你找到了解决方案，这个人用其在一个完全不同的领域的经验为你打开了那扇你期盼已久的大门。

在复杂领域，因果之间没有线性关系。我们只有在复杂的情境中行动才能理解它。行动产生证据（反馈），然后这些证据阐明并支持多种相互矛盾的假设。我们会同时测试这些假设，而不是把赌注压在某个解决方案上。

复杂领域中的决策遵循"探查－感知－响应"模式，我们最好使用多个"小探测器"来实现这一点，例如，一位患者向医生抱怨背部疼痛，这位患者可能需要改变饮食习惯、锻炼身体或改变不良的生活方式。他可能会寻求专业帮助。这些探查旨在揭示因果之间的关系，而不是专注于单一的方法，如改善背部疼痛的手术。

在复杂领域，每个行动都会以意想不到的方式改变情境，唯一可以确定的是，每个选择或行动都会产生一些意想不到的结果。

在复杂领域，溯因思维应运而生。因为复杂领域永远没有线性关系，直觉或内感受往往比理性分析更可靠。我们经常使用启发式或经验法则来指导我们做出决策。

启发式对于在混乱中行动也很重要，混乱的特点是没有任何有效约束，例如，在繁忙的火车站，如果发生火灾，人们会因恐慌而奔走。人们不再被有序移动的方式所约束，也不再遵循以往上下楼梯靠左或靠右行进的规定。

偶然间发生的混乱就是一场危机。我们需要遵循"行动－感知－响应"模式。当务之急是迅速建立某种形式的约束并控制局势。众所周知，对火灾的启发式第一反应是"俯身，快逃"。这就刻意限制了行为选择。在危急情况下，我们必须对正在发生的事件的潜在变化进行感知并做出调整。然而，首要规则是迅速行动。在危机中，指挥和控制都很有效。

我的首要任务是在混乱中行动。

我很困惑，袋子里装着什么？

混乱也可以被用来打破既定模式，以促使改变的发生，如某个组织的彻底重组。我们必须记住，混乱需要能量来维持，而且在本质上总是暂时的。在公司彻底改组的情况下，新的团队和工作模式（通常是从现有系统中继承下来的）很快就会建立起来。

处于肯尼芬框架中间的困惑，通常是意义构建的起点，或者是在变化过程中重新审视的地方。在通常情况下，意识到自己的困惑是可取的，但长时间保持困惑却并不可取。从天真到困惑，既有好处也有坏处——正如人们所说的，"无知是福"。

你喜欢的栖息地是哪里

我们有一种倾向，即根据个人的行动偏好对情境加以评估。

领导者喜欢清晰的秩序感，他们倾向于将问题视为程序上的缺陷。科学家和工程师喜欢从繁杂的挑战中找到答案，如果无法克服挑战，那么他们往往将失败归咎于缺乏时间或资源。政客非常善于驾驭复杂的环境，并以此来调整自己的价值观和竞选策略。独裁者喜欢危机，当人们感到困惑或害怕时，便会去寻求确定性，独裁者会抓住眼前的机会，赋予自己绝对的权力，告诉其他人该做什么。

大多数人都有一个令自己感到舒适的"首选栖息地"——我们的"快乐之地"。为了扩展"觅食区"，我们可以到其他领域进行短途旅行。我们可能会觉得有些领域很不友善。但重要的一点是，我们要明确自己喜欢哪些领域，这样我们就可以制定相应的策略，扩大自己的舒适区。

请考虑以下几种度假模式。

在清晰领域，你可以为自己预订一次组织有序的跟团游。这次旅行由专业的向导规划详细的行程，组织好沿途的所有安排。飞机、火车及汽车的行程被安排得详细、精确。甚至在哪里吃、吃什么都是预先决定好的。对于那些希望有人引导的游客来说，这是场完美的旅行。但对于有些人来说，这样的旅行简直就像坐牢。

在繁杂领域，你可以计划全家去欧洲度假。在为期3周的度假时间里，你计划从一个城市到另一个城市，你需要在抵达之前安排好住宿。大多数人不会预订餐馆或咖啡馆，而且大部分观光活动都是自发的。你可以雇一位导游，也可以自己游玩。

在复杂领域，一个复杂的假期可能是在阿尔卑斯山进行为期10周的滑雪之旅（我们在这里投射自己的幻想）。你如果追求更大的自由度，还可以预订一辆露营车。1月中旬至3月下旬，阿尔卑斯山通常有很好的积雪覆盖，但也容易发生雪崩。在这种情况下，驾驶露营车可以让你最大限度地、自由地根据天气和降雪情况改变计划。

　　在混乱领域，没有什么是一成不变的，混乱在本质上是暂时的，需要高度的能量来维持。在 2020 年新冠疫情发生期间时，旅行者的度假计划陷入混乱，旅游公司的业务受到重创。旅行限制、边境关闭、城市封锁及持续的不确定性接踵而至。

　　许多人在谈论压力时，并未意识到他们正在为自己制造压力。在通常情况下，这是"首选栖息地"与他们所处环境的不确定性之间的不匹配。

　　我们鼓励你仔细考虑行动偏好及"首选栖息地"的组成。韧性的一个关键组成部分是能够在扩展的"觅食区"茁壮成长，并具备至少在一段时间内在"不适宜居住的区域"生存的能力。当你发现自己在舒适区之外时，了解自己在那里的意图至关重要。然后，你可以开始考虑是否应选择离开，回到那个"快乐之地"。

时间无法被管理，我们能管理的只有注意力

俄罗斯有句古老的谚语：

如果你同时追两只兔子，那么你哪只也抓不到。

当我们的注意力被分散时，我们的工作质量会随之降低。如果我们想更加高效，那就每次只专注于一项任务。

然而，每句谚语都有一个反例。我们还会说：

只见树木，不见森林。

如果过于专注，那么我们可能会错过更广泛的机会。这些自相矛盾的说法反映了注意力过度与注意力不足之间的对立性。

在一个极端情况下，注意力过度是指专注于单个活动，它是以牺牲其他需求为代价的。例如，过度专注于某件事的潜在负面影响可能包括灵活性的丧失。当注意力过度集中时，我们可能会错过最后期限，或者缺少情境意识，我们的关系可能也会受到影响。

注意力过度的人会表现出一些与孤独症相关的行为。然而，当这些能力被应用到正确的环境中时，可能会产生难以置信的效果。

在另一个极端情况下，注意力不足是指同时处理多个活动。这可以激发难以置信的创造力，多种相互关联的想法会快速、连续地涌现出来。

通常，当注意力不足时，人们可能会半途而废。人们可能会产生一种压倒性的忙碌感，付出了努力却收效甚微。那些容易注意力不足的人可能会表现出一些与注意缺陷多动障碍相关的行为。就像注意力过度的状态一样，当这些能力被应用到适当环境中时，可能会非常有价值。

与大多数行为一样，管理注意力是有特定情境或任务的。一方面，在某些情况下，注意力不足或注意力过度的状态可能非常有用。例如，拆弹专家的工作就需要极高的注意力，他们的每根神经都要集中在切割正确的导线上。这样的高压时刻并不适合思考全

球政治状况或给家里打电话询问晚餐吃什么，也不适合为自己带来创作灵感。

另一方面，以组织学生郊游为例，学校教师需要同时处理多项任务，例如，安全、路线、午餐、家长的电话、填写学习结果以完成绩效考核等。

越来越多的人表示自己在工作中不堪重负，这一问题似乎源于无休止的干扰。无论你的注意力如何，持续的干扰都会破坏生产力和创造力。

各种干扰也会降低日常工作的效率。被打断已经成为现代工作环境中的常见特征——收到一封电子邮件、电话铃声突然响起、社交媒体发来通知等。糟糕的工作流程已是常态。

如果拒绝这些干扰，那么我们就可以有意识地管理我们的注意力，以创造一个适当的环境，有效地参与广泛的任务。

如果专注于每次完成一项任务，那么人们在完成常规任务时的表现最好。这就是我们所说的任务模式。对于创造性任务或更复杂的知识型工作来说，许多人受益于同时参加多项挑战，我们称之为"创造性模式"。

当然，大多数人需要在模式之间进行切换，有时是每天，有时是在一天之内。

一些高绩效员工在优化状态和管理环境方面有非常独特的方式。重点是要认识到，没有哪个单一解决方案适用于所有人。诸如我们的生物周期、家庭状况，甚至是咖啡的味道都会对我们在何时、何地及如何安排不同的工作任务产生影响。

优化任务模式

规划任务，将注意力集中在任务上，可以显著提高工作效率。

下面是提高工作效率的其他方式。

1. 管理空间和时间

管理他人的期望。大胆一点，关上门，在门把手上挂一个"请勿打扰"的标志。

- 限制所有非必要干扰，仅在手头保留必要的物品。
- 使用计时器完成计划的任务。
- 将手机调到飞行模式，并将其放置在视线之外。
- 买一块手表或一个闹钟，训练自己看时钟，而不是看手机。
- 设计优雅、简洁的工作空间。

2. 创造激励和动机

- 设定目标提醒自己希望看到什么结果。
- 提前完成日常任务，避免在最后期限的最后一刻完成任务。
- 为任务排序，上好闹钟，做好准备，出发！

3. 进行批量处理

- 提前确定批量工作（前一天晚上或早上的第一件事），以便高效地批量处理类似任务。
- 阻止所有干扰因素（电子邮件、电话、通知等）分散你的注意力，直到完成批量工作。
- 遵守规则，每天设置特定时间查看电子设备。

研究人员根据多任务处理的倾向对不同人群进行了比较。他们发现，那些经常同时进行多项任务并认为这样做会提高自身表现的人，实际上在多任务处理方面表现得比那些喜欢每次只做一项任务的人差。他们还发现，多任务处理会导致更多的错误，如果在多任务之间切换，那么完成每项任务所需的时间就会显著增加。

如果任务很复杂，那么工作时间和错误率就会增加。

4. 首先完成要事

在早上或前一天晚上，确定你需要完成的最重要的任务。在你做其他事情之前，先完成这项任务。

5. 集中精力

使用计时器，找到精力集中的时段，每次设置为 20 ～ 90 分钟。

6. 休息，清空大脑

注意力高度集中会让人很疲惫，你需要在工作间隙四处活动、散步。如果你在清空大脑时遇到困难，请使用舌抵上腭和箱式呼吸法。

优化创造性模式

悉尼大学艾伦·斯奈德（Allan Snyder）教授的实验表明，当大脑左半球受到抑制时，右半球能够提升创造性地解决问题的能力。

如果你想提升大脑右半球创造性地解决问题的能力，可以尝试多任务处理，将注意力分配到几个不同的任务或项目上。当意识被完全占据时，你的潜意识可以自由地在"后台"工作。

我们建议对并行任务的数量和类型进行尝试。每个人都不一样。戴夫·斯诺登教授喜欢同时运行 10 ～ 12 个项目，而伊恩则喜欢将项目数量限制在 4 个左右。

1. 检查并优化状态

进行身体扫描，检查你的能量水平是否适合创造性活动。睡觉、吃饭、锻炼、小憩、冥想或锻炼都可以用来支持你独特的创造性过程。

2. 设定意图

即使你不确定会有什么结果，也要知道你的意图。你可以通过一些简单的自我对话直接向潜意识寻求帮助。它可能是这样的："嘿，潜意识，我真的想解决这个问题，感谢你的支持。"许多高绩效的创意者在睡觉或冥想之前都会这样做。

3. 建立最佳环境

找出你的理想环境，以获得正确的刺激。我们的团队成员会使用耳塞，以进入安静状态，或者在大自然中散步。

我们把整面墙作为白板，团队成员用它进行可视化协作。我们可以在虚拟的共享环境中创建思维导图。

我们曾指导过作家，让他们在跑步机上行走时写下整本书，他们在面前的笔记本电脑上每小时完成一章！

4. 进入心流

一旦你设定了意图，就可以进入心流状态了。你可以玩心流游戏，也可以设置一系列具有挑战性的并行任务。很多人通过同时完成 3 ～ 5 项任务进入心流状态。

你可以做任何有助于你进入心流的事，例如，骑自行车、一边背诵元素周期表一边倒滑旱冰等。这样做的目的是让大脑左半球和内心的对话不受干扰。

5. 快速捕捉

在创造性模式中，拥有一个完美的项目并不重要。相反，沉浸于心流状态，唤醒并源源不断地产生想法很重要。思想一旦被画出来或写出来，或是以某种形式被表达出来，我们就很容易对其进行重新塑造了。

如果你发现自己在做白日梦，这可能正是你所需要的。在创造性过程中，你要允许自己做白日梦。你可能会发现自己正在向一个奇怪的新方向迈步。不要给你的想象力设定界限，让思想自由流动。

设定一个计时器，或是与他人达成协议，在约定的时间将你拉出创意区。值得注意的是，建设性的白日梦可不是拖延。

也许……就
一小口？

老鼠乐园

虽然老鼠是实验室研究中的常见对象，但它们不是人类。每当我们看到涉及老鼠的研究时，都离不开著名的老鼠乐园实验，该实验研究了栖息地对毒瘾的影响，它符合我们帮助人们戒除毒瘾的经验。

药物成瘾研究人员想知道的核心问题是，成瘾的神经机制是什么？经过 40 多年的实验，人们依旧没有找到答案。人们普遍（错误地）认为，了解这一点是打破这一问题的第一步。然而，动物实验的问题在于环境或情境的影响。

布鲁斯·亚历山大（Bruce Alexander）和一组加拿大研究人员希望对这一问题进行探索。他们预测，社会隔离和环境特征在成瘾中发挥了重要作用。他们采取了一种相当新颖的方法。它们没有将被试隔离在狭小的笼子里，而是创建了一个老鼠乐园，这是一个为啮齿动物打造的名副其实的"迪士尼乐园"。

在乐园里，老鼠可以在这个比一般实验室的笼子大 200 倍的空间里自由活动。它们可以在混合性别的群体中进行社交互动，这里有足够的食物和水，有各种各样的球和轮子可供玩耍，甚至到处都有可供繁衍后代的地方。

他们还增设了一个你绝不可能在迪士尼乐园里找到的功能：老鼠可以无限获取吗啡。

他们把另一些老鼠关在小笼子里，给它们提供同样的吗啡。在研究期间，一些老鼠被隔离在老鼠监狱中，另一些老鼠一直在享受老鼠乐园。有些老鼠开始在监狱生活，65 天后被允许进入老鼠乐园，有些老鼠则在享受生活 65 天后被送入老鼠监狱（这当然不是它们理想的退休方式）。

监狱里的老鼠摄入的吗啡居然是乐园里的雄性老鼠摄入的 19 倍。乐园里的老鼠会随处试着喝一点吗啡，但并没有展示出过多的兴趣。乐园里的雌性老鼠比雄性老鼠更喜欢吗啡，但总地来说，乐园里的所有老鼠都更喜欢自来水。

当加拿大参议院召开会议讨论加拿大毒品泛滥的问题时，亚历山大与参议员讨论了

呃，兄弟，我是不行了！

他的发现。他专注于研究中一个更有趣的方面。在小笼子中饲养然后被转移到乐园的老鼠忽略了较高浓度的吗啡，它们倾向于稀释的吗啡混合物，尤其是当其中的糖含量增加时。

亚历山大得出结论，它们想要这种糖和吗啡的甜味混合物，但前提是药物作用不会扰乱它们正常的社会行为。与兴奋相比，在刺激的环境中与其他老鼠交往对老鼠更有益处。这改变了成瘾的主导观点。

现在人们认识到，社会隔离和环境特征是导致药物成瘾的重要因素。亚历山大认为，药物滥用更多的是一种对环境的反应，而不是任何内在的神经药理学依赖。

后续研究成功地复制了老鼠乐园实验背后的概念。尽管一些细节尚未重现，但新出现的证据支持这样一种观点，即当在阿片类药物和社会互动之间进行选择时，老鼠会选择后者——宁愿戒断也不愿成瘾。有关导致成瘾的神经机制的研究仍在继续。到目前为止，没有任何结果能够对临床治疗产生重大影响。改变环境，为人们创造更多选择，让他们自己找到摆脱成瘾的方法，或许是一个好的方向。

如果老鼠可以做出选择，那么我们也可以

有时，就像老鼠乐园里的老鼠一样，吸毒者意识到毒品夺走的快乐比给予的快乐多，这就提供了足够的动力来戒毒。不幸的是，药物滥用率、服用与戒断的循环，以及这一周期的频繁中断，都表明这样的动力是不够的。

治疗通常无法戒除成瘾的一个重要原因是，成瘾通常被视为需要解决的复杂问题，而不是嵌入情境的复杂行为模式。

在还原论方法中，重点是这个问题本身。成瘾被视为一种"禁止做"的行为。但是，没有任何东西可以填补成瘾者生活中的漏洞。他们没有类似的替代品来满足成瘾行为带来的潜在好处。治疗师被视为专家，他们识别病因并开出治疗（或监禁）处方。这就建立了一个问题补救循环。成瘾者会停下来一段时间，但他们的意图（如从痛苦中解脱）并未得到满足，因此他们会再次回到先前的状态。在他们能够确定一个结果及通往该结果的途径之前，他们会陷入恶性循环，依赖专家以某种方式将他们解脱出来。

就像个人通常有权力改变工作环境一样，成瘾者也可以选择改变他们的环境。

为了打破成瘾循环，我们建议采取双管齐下的方法：制定有韧性的策略，提供更积极的形式来缓解痛苦、社会孤立、压力等。

换句话说，要么管理情境，要么远离情境。

我们并非笼子里的老鼠（或乐园里的老鼠），大多数人要么改变环境，要么完全摆脱环境。这并不是说这样做很容易或没有风险。例如，它可能会切断一个人与家人和朋友的联系，这对于没有成瘾问题的人来说已经很难了。

重要的是，找出导致成瘾的根本原因本身就是错误的做法。与之相反，我们需要非常仔细地设计约束条件（如使吸毒更加困难的障碍）和吸引因素（可行的成瘾替代品）。

我们生活在复杂的环境中，我们既可以选择如何应对环境，也可以塑造对我们更有

利的环境，还可以彻底改变环境，尽管有时我们可能需要逐渐进入和离开具有挑战性的栖息地。

入狱

我在伦敦的哈克尼区长大，当时那里是贫民窟，你根本不想住在那里，毒品和暴力事件随处可见，你不会想让你的孩子看到。

在成长过程中，我和我的母亲相依为命。我的父亲形同虚设。我有一个哥哥，但是我们没办法长时间相处。

在错误的群体中意味着会有一些不好的事情发生，这就是我在 2012 年入狱的原因。我根本没做过什么坏事。入狱前，我从未有过犯罪记录。我经常打网球。我以前学习很努力，但我的朋友们都是帮派成员，在那段时间里，我被卷入了一场混战，这给了我一个巨大的教训。

尼亚·史密斯
（Niyan Smith）

英国音乐家、制作人、词曲作者、工程师、顾问、艺术家、企业家。他是 Richouse 娱乐的联合创始人，也是 Hot Money Digital 的营销顾问。

他们让我一起去长途旅行，但没有告诉我去做什么。结果他们搞到了一把枪，就放在车里。当然，没有人愿意承认枪是自己的。所以我们四个人成了一根绳上的蚂蚱。我们因此都进了监狱。

我当时 19 岁，我没有揭发我的朋友，告密是我永远不会做的事。我在监狱里待了将近 5 年。这总比 10 年、15 年或 20 年被称为"叛徒"要好。

你永远不知道你有多少自由，直到你失去它。自由是无价的。

很多人每周都打架，然后被关在"小黑屋"里，在那里的人没有任何特权，没有电视看，就连活动都受到限制。在将近 5 年的时间里，我没有惹过任何麻烦，因为我只想尽快结束刑期。

在监狱里，电视比黄金还珍贵，我不想失去看电视的机会。想象一下，每天你有 23 小时坐在房间里，没有电话和电视，没有家人和朋友。

进入监狱后，我就对自己说，你已经在这里了，你要在这里待将近 5 年。现在，一切都取决于你如何在不让自己发疯的情况下适应当前的情况。变抑郁的最快方法是每天醒来后说："哦，我在监狱里，我等不及要出去了！"你最好说："好吧，我在监狱里，但我能做什么？我可以为自己设定哪些里程碑？我可以设定什么目标，如学习某项课程？"在外面也是如此。你可以为自己设定目标，参加很多课程，让自己忙起来，不要因为待在家里而感到沮丧。有些小事，如没有电话，一开始适应起来很难。只有你知道自己失去了多少。

你永远不会有第二次机会给别人留下第一印象。我是一个非常冷静、谦逊、有礼貌的人。我不会说大话，我不是黑帮，我也不想一夜暴富。有的人在来的第一周就与人发生冲突，或者一来就成了风云人物。有人说，管好你自己，不要和任何人说话，但这一点很难做到。

自由是无价的。你永远不知道你有多少自由，直到你失去它。

在监狱里，我获得了重型货车驾驶执照。在出狱后的两周内，我找到了一份带薪的司机工作。然后我可以兼顾工作和我热爱的音乐事业。

我利用在公司的时间学习了很多关于管理、版权、唱片、出版、广播、新闻及公关方面的知识。我很幸运得到了一个在唱片公司工作的机会，我负责管理两位女艺术家，但我每周仍然有三四个晚上从事驾驶工作。

我在监狱待了将近 5 年。从现在起，我想用同样的时间成为艺术家和唱片公司负责人。我认为这就是现实生活。我对自己尊敬的人做了很多案例研究，他们是我在这个行业的好朋友。

在我的家乡，人们并不总是能听到成功故事——至少在哈克尼不是！我们没有钱，父亲从不养家。对我来说，我曾经到过的地方、我现在生活的地方，以及我的经历比一个受过良好教育、有父母陪伴且不是在贫民区长大的人更有意义。

我可以将我的经历称作创伤，但这些经历会如何影响我取决于我如何看待它们。所以对我来说，这些经历会给我带来双倍的回报。我周围的一些人甚至没有活到 25 岁。我很幸运能住在这里，有家庭，有一份好工作，还有未来。

建立边界感

当你喝完一杯咖啡，用没洗过的杯子品酒时，你会发现，葡萄酒的味道会被咖啡的浓烈香气所淹没。

一个情境中的状态、行为、期望和体验会被带入另一个显然不属于它的情境中。

有些人从不放下"行李"。他们把它从一个关系带到另一个关系，从一个语境带到另一个语境。也许最常见的是从工作环境转移到家庭环境，尽管反之也会发生。

一些人宁愿缺席重要的家庭活动，也不愿耽误工作；另一些人常常以牺牲人际关系为代价，全神贯注于一种爱好或兴趣；还有一些人以干扰睡眠的方式思考工作中的冲突。

这对于一线工作者来说尤其成问题，他们经常跨越情境的边界以到达高度觉醒或高度警觉的状态。

当然，上述行为也可能产生积极的反馈，如在工作中得到加薪、升职，这些都能带来幸福感，而幸福感可能会被带入原本不幸福的家庭生活。

要想获得长期的韧性和幸福感，选择我们在不同环境中的状态是关键。在没有边界感的情况下，一个人对工作环境的负面反应会被其亲密伴侣发现。他的焦虑、压力或倦怠也变成了对方的焦虑、压力或倦怠。

不管别人对我们的遗留状态有何反应，我们都可以通过集中注意力来管理自己在环境之间的转换，让生活更轻松。

类似于在食用不同口味的食物或饮料之间使用漱口水，通过"门阶模式"，我们提供了一种可在不同环境之间转换的方式。

对许多人来说，门阶是情境之间的自然过渡点。只不过，它不一定非得是一个门阶。你可以选择任何位置或锚点。它可能是健身房的更衣室，也可能是一个时间信号，还可能是你下班后的淋浴时间，或是你脱下制服换成普通衣服的时刻。有些人在踏上公共交通工具或骑自行车回家时会使用门阶模式。其他人会在接孩子放学之前使用它。这些例子中的门阶只是一个比喻。无论你选择哪里，都可以创建门阶。

当跨越这些过渡门槛时，你的目标是有意识或无意识地从一个角色或身份转换到另一个角色或身份：从警官到母亲，从妻子到商业伙伴，从朋友到同事，从活动家到父亲，等等。

门阶模式

开启门阶模式可能只需要几分钟。通过练习，你几乎可以在瞬间无意识地顺利过渡。其中一些步骤在第 4 章有更详细的描述。

第一步
身体扫描

找出状态中有问题的因素，如紧张或不良姿势，这些因素与你对外部环境（如工作）的反应有关。

放松，摆脱它，然后放手。

注意你身体承受压力的部位，然后放松那个部位。

第二步
箱式呼吸法

重复这个动作，直到你的呼吸正常且姿势放松。

你可以在进行身体扫描时运用箱式呼吸法，直到摆脱不良状态。

第三步
（1）观察并检查

后退一步，进入第三视角，看到自己站在门槛上。

从这个观察者的立场出发，问：他 / 她准备好跨过门槛并过渡到新的环境了吗？如果答案是肯定的，请转至第四步。

如果旧状态的因素持续存在，如紧张或挥之不去的想法，问：他 / 她需要什么资源来跨越这个门槛？

有未完成的事情吗？在完全过渡之前，你是否必须完成一项任务？如果是这样，要么做，要么承诺在指定的时间做。

你可能需要更多的时间来处理或解决事情。散步或其他运动可能会对你有所帮助。

第三步
（2）响应信号

有时，你的脑海中会有一种挥之不去、喋喋不休的声音。这可能是工作中反复出现的模式在困扰你，或者有人可能破坏了你的价值观。这也可能是一个更深层次的问题，例如：这一切都是为了什么？

这些干扰往往表明你需要做出改变，也许是换一个新的职业，或是改变生活方式。请特别注意这些信号何时及如何显现。在向新环境转换之前，你可能需要进行彻底的改变。

第四步
进入新的情境

用第三视角进行最后一次观察。你可能已经放弃了原有状态，你拥有了一个新状态吗？你准备好了吗？

你可能会选择刻意构建一个新状态，以便在下一个情境中采取行动。

最后，回到第一视角，跨过门槛。

弱肉强食的丛林

　　人类具有想象未来、影响或设计环境的独特能力。不幸的是，许多人在生活中漫无目的地徘徊，对自己能够创造的未来毫无个人责任感。

　　在乔治·奥威尔（George Orwell）于 1945 年写的寓言故事《动物农场》（*Animal Farm*）中，农场里的动物反抗它们无情的人类主人。它们最初创建了一个平等和自由的环境。然而，反抗军的理想遭到背叛，农场一步步地滑向独裁的形式。

　　这个比喻提醒我们集体不作为的危险。早期出现的独裁信号被动物们忽略了。

　　和奥威尔一样，我们敦促大家对环境保持谨慎和警觉。我们周围的环境在慢慢变化，忽略这些信号，总有一天我们会发现自己被欺骗了。最初作为首选栖息地的领域可能会演变成一个环境恶劣的领域。

　　此外，黑天鹅的隐喻通过纳西姆·尼古拉斯·塔勒布（Nassim Nicholas Taleb）引起了人们的广泛关注，他的著作《黑天鹅：如何应对不可预知的未来》（*The Black Swan: The Impact of The Highly Improbable*）在 2007 年发行时取得了巨大成功。他以生活在公元一到二世纪的罗马诗人

尤维纳利斯（Juvenalis）的一句俗语解释道："一个好朋友，就像黑天鹅一样罕见。"

到了17世纪，黑天鹅成了一种几乎不可能存在的东西的代名词。西方人没有见过黑天鹅，所以认为黑天鹅根本不存在。1697年，当荷兰探险家成为第一批在西澳大利亚看到黑天鹅的欧洲人时，这种误解被消除了。黑天鹅现在成了"替身"，不是代表不可能的事，而是代表意想不到的事。塔勒布还主张为意外事件做好准备："要做出决定，你需要关注后果（你可以知道的），而不是概率（你不知道的）。"

一些人错误地将新冠病毒感染描述为黑天鹅事件。其他人则理智地认识到，流行病在人类历史上反复发生，并造成了毁灭性的后果。一些人认为，流行病更像房间里的大象，意思是面对一个明显的问题或困难的情况，人们却不想承认。

还有一个关于灰犀牛的比喻。米歇尔·渥克（Michele Wucker）创造了这个词，她也是《灰犀牛：如何应对大概率危机》（*The Grey Rhino: How to Recognize and Act on the Obvious Dangers We Ignore*）一书的作者。这个比喻暗指即将发生在你身上的一件显而易见的大事。

灰犀牛是一个隐喻，旨在帮助我们重新关注那些显而易见的事情。黑天鹅让人们意识到我们无法预测一切，但它有时被误用了，人们将其用作逃避的借口："哦，谁也没料到！"

灰犀牛更有活力，它提供了选择：要么你被践踏，要么你让路，要么你跳到犀牛背上，把危机当成一个机会。

当然，不回应犀牛的攻击算不上一个有韧性的策略。

07 —

识别信号

我们的潜意识不断地发送信号，引导我们走向自己需要的东西并远离威胁。我们要做的就是不要忽视任何信号、避免认知偏差干扰信号，以及理解信号背后的意图。

4E 认知理论

> 大脑在身体进化数百万年后才得以进化。一旦身体有了大脑，它们就会发生变化，这样身体和大脑能够相互作用和适应。大脑不仅会向身体发送信号以影响身体，身体也会向大脑发送信号以影响大脑，因此它们之间存在持续的双向交流。
>
> ——诺曼·道伊奇博士

我们根据 4E 认知理论扩展了大脑和身体之间的信号传递概念，其中心智是：

- **体现**（Embodied）在整个人身上的；
- **嵌入**（Embedded）情境的；
- 通过与世界的动态互动，以及塑造与被塑造的过程**生成**（Enacted）的；
- **延展**（Extended）到我们的物理环境及社会环境的。

从我们对心智的扩展描述中可以看出，大脑和身体之间不仅存在双向交流。更确切地说，具身大脑是存在的，它与我们的外周神经系统和微生物系统有着深刻的联系，甚至超越了通常被认为是人类的一部分的范畴。

重要的是要认识到，信号传递涉及通过感官的非自愿表达，尤其是感觉和动作。这些通常以符号表征的形式出现，通常会被我们有意识地忽视，尽管有时对于善于观察的人来说，它们是显而易见的！

就像学习任何不熟悉的新语言一样，信号一开始可能会令人困惑或难以理解。我们必须记住，大声说话并不能使两种不同文化和语言之间的交流更加清晰。

疼痛和压力是最容易被误解的信号，当这两种信号被忽视时，它们就会变得越来越明显。

不要忽视身体发出的求救信号

在第 4 章，我们讨论了麦戈尼格尔教授的著名演讲，她在演讲中提出很多人早亡，不是因为压力本身，而是因为他们相信压力对自己有害。

基于这一点，我们进一步给出了解释：麦戈尼格尔提到的研究对象并没有按照某个明确的信号行事，而该信号一旦被忽视，便会产生内在伤害。然而，我们认为信念可以引发安慰剂效应（使自己康复）或反安慰剂效应（使自己生病）。安慰剂效应和反安慰剂效应都是由不同的神经生理过程介导的，这些过程通过有意识和无意识地传递信号而被激活。安慰剂效应和反安慰剂效应远不止是个人的感知，如疼痛或情绪（当然，这些状态很重要）。

研究人员发现，安慰剂效应和反安慰剂效应涉及广泛的生理系统、生化系统及微生物系统。神经、神经化学物质（如阿片类药物、多巴胺）及其他表观遗传因素都与此有关，这些因素可以从根本上激活或阻断我们的健康或疾病倾向。安慰剂效应已被证明可以提高心血管疾病患者的预期寿命；它也可以通过脑电图（EEG）在自主神经反应中表现出来；它还可以增加或减少炎症反应，并能改善经历压力后的心率变异性。

所有这一切的关键在于，激活安慰剂效应或反安慰剂效应是通过一种间接的交流形式进行的。此外，一种交流形式与另一种交流形式之间需要实现双向传递。安慰剂效应需要在无意识状态下被激活，神经系统、生理系统、生化系统和微生物系统会参与自我修复的过程。

"压力对人有害并可能导致过早死亡"的说法是合理的。然而，我们还应考虑另一种解释，即压力是关注并采取行动的信号。

在结构化访谈中，我们发现人们体验压力的方式及反应方式大不相同。简单来说，大多数人天生就可以判断他们所描述的压力状态是"良好压力"（正压力）还是"不良压力"（痛苦）。

痛苦可能是对威胁的一种反应（尽管存在更好的状态，如心流），但归根结底，它是行动的信号。

可悲的是，许多人忽视了这些信号。有些人竭尽全力地将这些信号屏蔽，甚至用药物消除它们。

这就像在发射遇险信号弹时把头埋在沙子里，其他人可以看到你看不到的东西。

不要干扰"信使"

当试图使用药物或其他改变情绪的化学物质来控制压力、焦虑或抑郁等状态时，危险往往在于它们会抑制住良好的信号。它们可能会暂时消除不愉快的感觉，但无助于解决构成个人生活的多重关键因素。

我们在这里描述的痛苦信号是从潜意识中传递出来的，我们需要使用全部感官来接收和解释这些信息。当信号被抑制或忽略时，我们就无法做到这一点。尤其是当药物产生了副作用时，我们更无法捕捉到这些信号。

其他副作用也同样显著，尽管有证据表明处方药有效，但这一证据明显偏向于那些通过出售药物来获利的人。

罗伯特·惠特克（Robert Whitaker）认为，抗精神病药物弊大于利。他认为，它们加剧（而不是缓解）了一系列疾

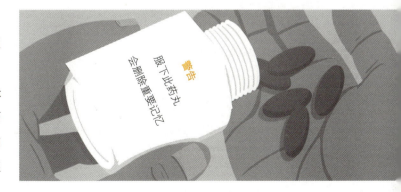

病或症状，包括压力、创伤和焦虑等情绪障碍。他担心的是，这些药物正在导致大脑发生变化，使一次性或偶发性的、潜在可控制的疾病成为慢性疾病，甚至导致严重残疾。他指出，在某些情况下，自杀率和严重伤害的发生率已经上升。

惠特克为因药物引起的系统性精神健康水平下降创造了一个术语：药物滥用。2019年，《哈佛数据科学评论》（Harvard Data Science Review）上发表的一项研究似乎支持了他的说法。该研究使用统计方法，对2003年至2014年超过1.5亿人的医疗赔付进行了调查（这些人累计服用了922种药物）。该研究追踪了处方药与美国43 978起自杀事件之间的关系。研究发现，包括阿普唑仑（常用商品名Xanax，用于治疗焦虑和惊恐发作）、布他比妥、氢可酮（用于镇痛的阿片类药物）、可待因在内的10种常用处方药，与自杀风险密切相关。

虽然研究方法无法确定它们之间存在因果关系，但庞大的人口数量及强大的数据集支持了其他研究，同时还有其他丰富的事例加以佐证，这些证据使我们得出了相同的结论：用于治疗焦虑、抑郁和创伤后应激障碍的药物往往会使病人的健康状况变得更糟。

即使是相对无害的药物，如非处方药对乙酰氨基酚，也在微妙地改变着我们接收和响应信号的方式。2020年的一项研究发现，对乙酰氨基酚增加了冒险行为。当我们考虑到自己对信号的了解时，这一切就很有意义了。如果疼痛与远离感知到的威胁（疼痛）的强烈信号相关，并且我们降低了体验疼痛信号的能力，那么任何可能产生重大后果的决策也可能会受到影响。

类似的研究已经开始关注咖啡因对人们决策能力的影响，尤其是在人们饮用含有高咖啡因、高糖的能量饮料时。

一些食物和药物可以阻断身体不同部位之间的信号传递，扰乱整个思维过程。我们对于风险的关注或警觉被描述为"情感的微弱耳语"。

如果你正在通过服用药物来消除不愉快的状态，如慢性压力、焦虑或创伤，而且这些药物对你不起作用，那么你要谨慎停药，因为草率地停药会引起反弹效应。你要认真地与你的医生沟通，逐渐减少药量，并使用你自己的内部自我校准系统和信号来指导你自行戒断，始终明确药物能满足哪些积极意图，以及如何通过改变生活方式来满足同样的意图。

内感受

在人类物种的整个进化过程中，感官信号提供了拯救生命的信息，提醒我们注意风险。我们很久以前就进化出保护自己免受非洲大草原上捕食者袭击的能力，这往往伴随着明显的警告信号。

对大多数人来说，毒品和酒精会明显降低甚至扼杀人们做出合理决策的能力，这就是为什么大多数国家都禁止酒驾。众所周知，与毒品和酒精相关的决策障碍会产生社会影响，犯罪和家庭暴力是我们最不希望看到的后果。

这些障碍是显而易见的。然而，许多人忽略了我们摄入的食物所引发的更微妙的影响。我们被警告要注意这些影响，但警告信号往往很弱。这意味着我们需要对信号进行更加细致的感知并放大信号。

请你回忆一下过去的愉快经历。

花点时间让自己沉浸在记忆中。看到和听到这段记忆，就好像你回到了那段体验中，栖息在自己的身体和视角中。以第一视角回忆至少 30 秒。

你感觉怎么样？

请你重温过去的美好回忆。当你与记忆产生联结时，伴随的感觉或愉快的信号很可能会让你的意识捕捉到它们。正是这些感觉告诉你，这种体验具有某种令人愉悦的价值，你希望寻求更多类似的体验。

如果你回忆起略有不快的记忆，那么信号会有何不同呢？与其说是让你"退后"，信号更可能是在告诉你"远离"。

我们的潜意识不断地发送信号，引导我们走向自己需要的东西并远离威胁。

一些信号是显而易见的，另一些则很微妙或特殊。

疲倦还是无聊

疲倦通常是我们需要休息或睡觉的信号，它表现为眼皮发沉、过度眨眼、眼睛干涩、肩膀沉重，当然还有打呵欠。

当饥饿没有伴随其他信号（如无聊、口渴或孤独等）独立出现时，就是我们的身体需要能量的信号。

当我们感到寒冷时，信号很清楚。我们正暴露在会降低体温的外部因素下，所以我们要么把自己包裹起来，要么待在室内。

无聊这一信号可能表明我们没有受到挑战，也没有以某种方式利用我们的技能，或者我们已经习惯了被过度刺激，就像一个需要看电视才能乖乖坐着吃几口饭的孩子一样。

关注和了解我们的信号极其重要，它的重要性怎么强调都不为过。

把头伸到水下，你几乎立即就会收到呼吸的信号。你在水下停留的时间越长，忽略这个信号就越困难。这是我们努力求生的方式。其他信号也同样重要，然而，我们却忽略了它们。

若你曾经问某人是否饿了，却看到他看向手表想知道午餐时间是不是到了，那么这

背景：运动损伤。
忽略的信号：小腿轻微疼痛。
消极结果：我的跟腱撕裂了。
积极结果：我没有向期望我训练的教练抱怨。

背景：我遭遇了诈骗。
忽略信号：怀疑。
消极结果：被骗子骗了一点钱。
积极结果：我避免冒犯他。

背景：我体重增加了。
忽略信号：饥饿。
消极结果：当我工作压力大时，我变得贪婪且暴饮暴食。
积极结果：我通过努力完成了我的项目。

个人的内部信号系统是失调的。饥饿与你时间表中的固定时间无关，这是一个传达生理需求的信号。

你忽略了什么信号？

花一分钟记下你忽略信号的三种情况，然后确定忽略每一种信号所产生的积极结果和消极结果。

当我们根据信号采取行动或无视信号时，总是会产生积极结果和消极结果。例如，你可能很累，渴望睡觉，但你知道，如果你忽略那些疲惫的信号并继续工作，那么你就能完成任务，减少第二天的工作量，带着满意的信号上床睡觉。

每天早上醒来时，你可能会害怕去办公室。你把这些感觉推到一边，因为你知道你迫于经济压力不得不工作。也许忍受这份工作比接受失业带来的不安全感要好，所以你接受并保持这种恐惧，直到你能找到另一份工作。

前提是你承认该信号的存在并理解其意图。许多人仿佛在生活中梦游，忘记了每天体内会产生的各种良好的信号。

实践

识别信号的 6 个步骤

第一步

找一个舒适的地方坐下，远离干扰。

开始自我校准，进行身体扫描，释放你所有的紧张情绪。

以能够深度放松的方式呼吸。

一旦你进入了放松状态，就要确定一个场景（真实的或想象的），你在这个场景中会明确地收到强烈的"否"的响应。例如，你可以想象自己伸手抚摸一只危险的动物，或者你可以想象一个孩子或心爱的人正走近一条盘曲的毒蛇。

第二步

观察和倾听，想象你在那个情境中停留了一会儿。在你行动之前，请密切注意你的选择，在这里，你可以清楚地看到潜意识中产生的"否"的信号。

要确保信号是非自愿的，这一点很重要。你并非有意识地强迫信号出现在你认为应该出现的地方。

留意"否"的信号在你体内的位置。它是一种感觉信号，还是在通过另一个感觉通道向你传递信号？它可以是一个或多个感觉通道的组合。

第三步

在识别信号和其在体内的位置后，触摸该位置并有意识地予以确认。从有意识到无意识的口头感谢有助于稳定信号。

站起来，四处走动，然后关掉信号。让注意力回到当下。

第四步

现在，重复上述步骤以生成"是"的信号。和之前一样，从身体扫描和呼吸开始。然后识别一个情境（真实的或想象的），在该情境中，你知道自己会收到一个强烈的"是"的信号。

留意"是"的信号出现在哪里，以及它是如何产生的。触摸身体出现该信号的部位，感谢你的潜意识提供了信号。

第五步

站起来，四处走动，摆动身体，让注意力回到当下。对"或许"这一信号重复相同的模式。"或许"通常是"我需要更多信息来确定如何行动"的意思。

第六步

一旦你识别出自己的非自愿信号，如肌肉运动、感觉、声音或视觉变化，就尝试用你的意识重新创建相同的信号，来测试它是不是非自愿的。

例如，让手指以某种方式移动，或者感到胸部有某种感觉。你能以同样的感觉有意识地重复同样的动作吗？如果可以，这就不是真正的无意识信号。重复最初的步骤，引出无法被有意识地复制的信号。

如果你无法有意识地控制这种感觉再次发生，你就有了一个可验证的信号。许多人报告说，他们可以有意识地复制某个动作或反应，但重要的是，他们可以区分出差异。当这种情况发生时，你知道你拥有了自己的信号。

有时，信号很清楚：要么是"是"，要么是"否"。如果所有的一切都可以用"是"或"否"来决定，那么生活该有多么轻松（无聊）啊！

突破极限带来的风险

人们常用"攀登珠穆朗玛峰"来比喻一项几乎不可能完成的艰巨任务，这是有充分理由的。大多数登山者至少要接受 6 个月的定期训练。然后，他们要在珠穆朗玛峰大本营花 6 ～ 8 周的时间来适应海拔高度。

曾站在世界之巅，这是可以让人在鸡尾酒会上侃侃而谈的成就，但说到海拔 8000 米以上的死亡区，关于成功的故事很快就会变成冒险故事甚至是恐怖故事。

1996 年 5 月 10 日，8 个人在珠穆朗玛峰峰顶附近死亡。这在当时是珠穆朗玛峰攀登史上发生的最严重的一次登山事故。

事后调查人员发现，登山者存在一些认知偏差，正是这些偏差导致了一连串的糟糕决策。当人们身在死亡区时，偏见也会变得致命。在 1996 年的这场灾难中，尽管他们知道风暴即将来临，经验丰富的向导还是决定加速登顶，此时已经过了下午两点返回的时限。

他们之所以继续前进，是因为许多认知偏差结合在一起，推翻了先前经过合理计算的计划。

我们都可以从他们的错误中汲取教训。其中涉及的许多认知偏差与我们每天面临的风险高度相关。

对于任何努力超越极限或突破转折点的人来说，精疲力竭、创伤及在极端情况下自杀的风险都是显而易见的。我们所说的珠穆朗玛峰模式在各个领域都有所体现——从恋爱关系到经营企业，从投资股市到扩大工作项目，从政治观点到高风险冒险。

认知偏差干扰了信号

沉没成本

攀登珠穆朗玛峰的资金投入（通常是 5 万至 10 万美元）及准备时间都是巨大的。对于大多数登山者来说，最终到达顶峰需要耗费 15 小时。许多人被迫在距离山顶只有几百米处折返。当我们觉得自己在某些事情上投入了大量资金时，我们更倾向于忽视其他信号。沉没成本的例子可以是对教育或职业发展的投资，或者是花在指导某人或发展工作关系上的时间。

因此我们要认识到沉没成本，并使用具身可视化方式来演练如何放手。

同辈压力与身份认同

在精英运动中，周围人对你"应该"登上顶峰的期望是十分常见的。当它成为我们告诉自己我们是谁的故事的一部分时，这就会变得很危险。"我不是一

个半途而废的人"或"我是一个胜利者"在某些
情况下可以起到好作用，而在其他情况下则不那
么好。如果要在不可能的情况下成为英雄，那么
我们用身份感来包装自己的谋生之道可能很危险。

因此我们有时要识别并避免同辈压力与身份
认同。

竞争，竞赛

在珠穆朗玛峰的登山事故中，两家存在竞争关系的向导公司在争夺"山中之王"的
地位。每位登上顶峰的登山者都会为带领他的向导所在的公司增加声誉，因此公司鼓励
向导尽其所能让登山者登上峰顶。当失败不允许发生时，安全就成为次要因素。我们的
信号和恐惧都被推到了一边。在日常生活中，我们有时会发现自己与他人竞争是为了地
位或物质财富，或者我们是在与自己的内在价值观竞争。

因此我们要警惕竞争力，平衡回报与负面结果。

珠穆朗玛峰灾难中的认知偏差可以教会我们关于决策与韧性的宝贵经验。

功名利禄

对许多人来说，攀登珠穆朗玛峰不仅是征服高
峰的浪漫理想，那些登上峰顶的人通常还会获得赞
助或在巡回演讲中获得丰厚的收入。很多职场人士
为了维持生计而陷入过度加班的模式。无论是声誉
和财富，还是对自己的认可，我们都很容易将自己
带入危险的领域。

你要意识到你的自我和渴望，知道自己准备付
出何种代价。

压力下的困惑

在 8000 米以上的死亡区，人类会处在因缺氧和失温而慢慢死亡的状态，思维变得混乱。在许多紧张的情况下，尤其是在新奇的经历中，当我们无法理性思考时，我们需要清晰的潜意识信号。

虽然既定的转折点及经验法则的确有帮助，但它们无法取代在复杂情况下识别威胁模式的明确的"否"的信号。

"我就快到了"的错觉

有时，我们认为自己非常接近峰顶，坚信自己是可以做到的。我们告诉自己，再走两步就到了，然后又走了几步。你认为自己就快到了，于是忽略了威胁信号，这可能是一个严重的错误。这可能是在伴侣因为你过度工作而选择离开你之前的时刻；也可能是在你回家时，你的孩子热情地冲向小狗而忽视你的时刻；还可能是在精疲力竭之前休息一下的信号。

如果你正在考虑将自己推向或超越极限，请想想珠穆朗玛峰的登山者。他们的认知偏差屏蔽了让他们后退并走出死亡区的信号。他们的离世令人感到惋惜。确保你不会这样做。

实践

珠穆朗玛峰模式

珠穆朗玛峰模式将帮助你在复杂、高风险的情况下做出决策。它涉及感知外部世界有关风险的显著信号，然后将这些信号与你的选择及结果联系起来。你会看到、听到这些信号，尤其是当你该折返、休息或退出的时候。

珠穆朗玛峰模式可以应用于单个突发事件或持续的高风险事件。请记住，我们是在探索看似合理的事件的结果，而不是试图确定任何特定事件发生的可能性。

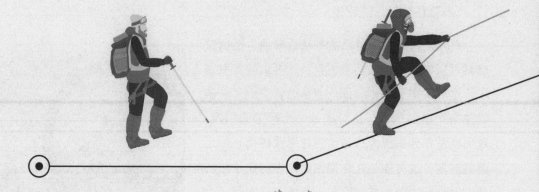

第一步
设置情境

在地板上，创建一条具有两个端点的线，一端为0（无风险），另一端为10（极端风险）。

与我们前面描述的情绪模拟练习不同，这条线代表的是风险环境，而不是你的内部反应。我们正在开发与风险相关的内部信号和外部模式（证据）之间的动态关系。

想想与你有关的任务、项目或情况。

第二步
确定自己的方向

移动到与当前的任务、项目或情况的风险程度相匹配的点。如果这只是一个在当前阶段的想法，没有承诺，那么你是在0的位置。如果你已经如同陷入一场噩梦，那么你可能已经达到了8级！

在这一点上了解你现在的状态。你可以使用身体扫描来做到这一点。如果你的风险等级高于0，那么，你最担心的后果是什么？你可能已经收到了一个"否"的信号，它在告诉你："停下！快离开！"

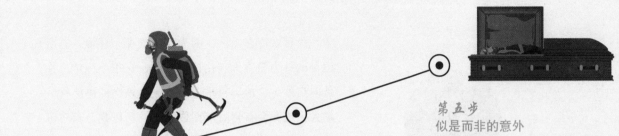

第三步
最后一个折返点

将身体移动到线条最右端的10，确定最坏的情况。在攀登珠穆朗玛峰的情况下，这可能意味着死亡。如果不是珠穆朗玛峰那样的极端情况，则可能是精疲力竭、身心疲惫或不得不重新装修房子等情况。

用你的身体感觉来引导自己（换句话说，不要想太多），从最坏的情况开始，直到风险因素累积至最坏的情况很可能会发生之前。

提醒你这一点的外部证据是什么？就珠穆朗玛峰而言，它可能是你在下午两点时所处的位置、你周围有多少人、云的形状，甚至是你的腿感觉有多沉重。

如果你不能接受最坏的情况，那这就是你最后一次扭转局面的机会。

第四步
探索信号和风险

再往前走，你可以接受的风险等级是多少？你准备好冒着陷入最坏情况的风险将其发挥到绝对极限了吗？你准备在该项目或情况下走多远？你在每个阶段都要意识到自己的意图及可能产生的后果。

在关键时刻，你应该经历从"是"或"或许"，到"否"的转变。这可能与你在第三步中确定的最后一个折返点相同。

一旦识别出"否"的信号，你就要进一步探索这个边界。你的注意力在哪里？在风险达到这一等级之前，内部信号会发生什么变化？你怎么知道该回头了？

如果需要的话，调整信号的强度，这样即使你的理性思维变得混乱，你也会得到一个清晰、明确的信号指引自己折返。

第五步
似是而非的意外

是否还有其他可能改变风险状况的因素？例如，在珠穆朗玛峰，你可能设定了一个下午两点折返的时间点，但如果你的登山设备出现故障呢？如果人满为患呢？作为采取行动的有效触发因素，这一折返时间可能需要修改，甚至取消。

想象一些看似合理的场景，与此同时，身体沿着地上的线移动。你可以想象距离竞标还有几天的时间，但你意识到，由于团队行动太慢，你们已经无法承受竞标的风险了。

是时候管理期望了，你可以选择一个完全不同的山峰。

归根结底，我们所关心的不一定是我们提前确定的具体因素。我们正在训练自己去发现和响应我们可能没有想到的模式。

在实际任务、项目或情况中使用此过程，可以对感知和信号进行改进，如事后回顾一样。

感知另一个自己

蒂姆·麦卡特尼-斯内普
（Tim Macartney-Snape）

冒险家、作家和企业家。1984
年 10 月 3 日，斯内普和格雷
格·莫蒂默（Greg Mortimer）
成为第一批登上珠穆朗玛峰的
澳大利亚人。他还是冒险装备
公司 Sea to Summit 的联合创
始人。

我喜欢待在山区，因为我喜欢那个环境。它所蕴含的魅力简直无与伦比。同时，它很不稳定。你越向高处走，地形越垂直，你失足跌倒的可能性就越大，或者会有岩石落在你身上。所以我一直对可能发生的事情有一种强烈的感觉。

对我来说，登山是一项挑战，我不断努力地去做好我应该做的事情。我可以从这项运动中获得强烈的满足感。

在需要冒险的情况下，你需要有一定的运气，你必须充分利用它。你还必须意识到风险，做好撤退的准备。我觉得自己已经自然而然地在所处的情境中去理解自己究竟在做什么。在山区里，生存是最重要的。

我已经折返过很多次了，因为我感觉到情况不对。那是一种感觉、一种信号或一种直觉。

当你精疲力竭时，你会觉得自己的大脑被一分为二。感觉好像有另一个你，它与你并不完全相关，这种感觉就像出现了一个更明智的你，或者你的守护者。我思来想去，认为这是因为你的潜意识被排除在外，你大脑的意识部分已经因缺氧而受损了。

大脑正在关闭，你可以感觉到你的思想变得难以捉摸。当你到达一定的高度时，你开始失去思维能力，你的思想开始游移。实际上，你必须有意识地工作才能控制住它。

然而，在某种程度上，另一个你正守护着你。它并不会直接告诉你"做这个""做那个"，但它会在某种程度上推动你，微妙地给你提出你应该做什么或不应该做什么的建议。有意识的大脑能够意识到你来到这里是为了登顶，然后你的另一部分则告诉你这一切都很顺利，但是，天气怎么样？雪坡呢？你的搭档呢？

我的另一部分一直跟着我，就好像它就在我的身边，在我的肩膀上，但我知道它并不存在。

另一个你的存在会令你感到安慰并给你信心。然后你能从这种信心中获得力量，因为你知道，你已经控制住事态发展了，你可以做到。

我曾和擅长拆解东西或修理机器的人一起登山。但实际上，他们无法真正感受大自然。对自己所处的环境有同理心，能体会周围真正发生的事情，这一点至关重要。当有情况发生时，所有的感官都会活跃起来。这就像我知道危险的雷雨天气即将来临，因为我能闻到它。

我和经验丰富的队友一起进行了一些非常大胆、雄心勃勃的首次尝试，但大家一致决定放弃。1987 年，道格·斯科特（Doug Scott）带领大家沿着一条新路线，即试图沿 K2 向上攀登时，就发生过这种情况。那个赛季的情况不太好，尽管得到了非常慷慨的赞助，但我们还是决定放弃这次远征。其他登山队就没这么幸运了，有些登山者再也没能回来。

在有些情况下，例如，上个赛季我在尼泊尔当向导时，我对登顶前夕的天气有一种不好的感觉。有些人很想继续前进，但我们还是折返了，幸运地赶在持续两天的暴风雪来临前到达了较低的位置，这是谁都无法预料的。暴风雪会使安全折返变得极其困难。

在山区里，你必须相信自己的直觉并有条理。在山区里，快乐源于不确定性、大自然的美丽，以及与一起冒险的优秀人士共度时光的机会。

适时调整状态

当我们使用珠穆朗玛峰模式来改善复杂、高风险情况下的决策时，我们可以对这一过程进行调整，重新校准压力、高度警觉和焦虑等状态。

这一过程通过调整信号或状态的强度以匹配环境。如果你正待在家中一个安静的房间里，听音乐就不需要放大音量。如果你在晚高峰时间乘坐地铁，那么你可能需要把音量调大。状态/信号也是如此。过度警觉就是一个类似将音量调得过高的例子。这在执法过程中十分常见。

蒂姆的故事

蒂姆·科伊（Tim Coy）在监狱度过了 10 多年的时间，他在这里负责管理囚犯。2009 年，一场骚乱爆发。科伊超负荷工作了 9 个多小时。他精疲力竭，在随后的某天突然摔倒在地。科伊因严重的健康问题而休息了几个月。

有一次，他的妻子跟他开玩笑说："你不敢自杀，还不如我亲手杀了你。"

当我们帮助他进入康复过程时，我们发现他生活在过度警觉的状态。即使是坐在咖啡馆里，他也会背对着墙，扫视房间，看着门口，不断地预判最坏的结果。无论在哪里，只要是在警戒线旁，他始终都保持高度的警惕性。

通过训练，他能够将这种过度警觉降到适当的水平。因此，当他再次去咖啡馆时，他的警惕性有所降低，他学会将自己状态的强度降低，以匹配周围环境中的风险水平。

有些环境风险较小，有些环境则很危险，尤其是那些他曾管理过的囚犯如今自由出入的地方。

通过帮助科伊理解警惕性的意图，他能够重新调整自己的状态，以更好地适应不断变化的环境。如果仅仅是麻痹自己，逃避过度警觉的状态，如通过药物治疗，则很容易给自己带来风险。

科伊重返工作岗位后没多久，就被提升为监狱主管。后来，他转行成为一名福利官员，并为官员们建立了一个同伴支持计划。

过度警觉是在执法人员中十分常见的模式。他们中有太多人处于过度保护状态，其结果是自己精疲力竭，而且与家人和朋友的关系也会出现问题。然而，这并不意味着他们的警惕性应该像教师或会计那样。他们的角色需要高度的警惕性，并且需要与环境相适应。如果试图解除警惕性，让经验丰富的执法人员或惩戒人员恢复到正常人群的水平，那注定会失败，而且还可能使他们受到伤害。

总之，我们要始终尊重信号的积极意图，即使会面临一定程度的不适。

疼痛是一种信号

当你了解疼痛时，你受到的伤害会更小。

——洛里默·莫斯利

当损伤发生时，我们的神经会对受损区域进行评估，并考虑采取哪些措施可以防止或减少进一步的损伤。

试想一下骨折时的剧烈疼痛，当肢体稳定或保持完全静止时，疼痛便基本消失了。当运动牵扯到受伤部位时，我们的神经会发出不适或疼痛的信号，以防止进一步的损伤。我们的神经会在受伤部位创造一种主观的局部疼痛体验，而这不是一种惩罚。

如果疼痛是客观的，如由神经末梢损伤引起的，那么无论肢体是否稳定，局部感觉（如因骨折或割伤引起的急性疼痛）都是恒定存在的。

相反，战场上的人们失去了四肢，却要等到很久以后才感觉到疼痛。在这个例子中，疼痛信号被忽略了，因为在战场上移动身体才能获得更好的生存机会。

正如《解释疼痛》（*Explain Pain*）一书中所描述的，简单了解疼痛往往足以减少伤害。痛苦是真实的，并且存在于具身认知中。

急性疼痛向我们的系统发出即时信号，提醒我们注意危险。它通常转瞬即逝。

慢性疼痛则很复杂，通常由急性疼痛发作演变而来。这就像我们用来描述神经可塑性悖论中的车辙隐喻。在威胁感消除很久之后，重复疼痛的经历很快就会产生新的"车辙"。

对数百万慢性疼痛患者来说，认识到疼痛是威胁的信号，有着深远的影响。挑战在于，要教会我们的潜意识，一旦预期中的进一步伤害停止，我们就可以体验到不同的状态，同时解决与伤害有关的表征性疼痛。

习得性疼痛

精神科医生、疼痛专家迈克尔·莫斯科维茨（Michael Moskowitz）致力于研究疼痛，以帮助他了解自己的慢性疼痛经历（由多次事故引起）。

莫斯科维茨将慢性疼痛描述为"习得性疼痛"。人体的警报系统被卡在开启的位置，因为中枢神经系统已经受损，所以患者无法对急性疼痛进行补救。慢性疼痛的症状一旦出现，疼痛就很难得以治疗了。

莫斯科维茨利用神经科学知识，开发了一种可以有效解决患者慢性疼痛的方法，其中许多患者原本已经放弃了寻找解决方案。

他首先让这些疼痛患者了解大脑具备神经可塑性的能力。在这方面，他遵循一个类似于《解释疼痛》中概述的过程。

具身可视化技术尤其重要，它可以帮助人们想象并重塑神经通路。通过模式中断及注意力训练，我们可以改变大脑中与痛觉相关区域的结构。具身可视化也有助于引入新的运动模式，否则患者可能不愿意冒疼痛反应的风险。

莫斯科维茨用缩写 MIRROR 来概述他的系统。为了与本书中使用的术语保持一致，我们改编了 MIRROR 的首字母代表的单词。尽管我们对该系统的描述略有不同，但 6 个基本要素保持不变。

与所有神经可塑性变化一样，当你试图叠加长期以来根深蒂固的实践模式时，要做到以下每一点。

M（Motivated）：积极主动，具有强烈的个人责任感和管理意识。

I（Intention）：认识到一个积极的意图，并确定一个期望的结果，而不是简单的"止痛药"。检查一下，当前是否存在明确的意图，而该意图是否与当下的环境无关？

R（Relentless）：以不懈的决心追求新模式，即使有时会感到不舒服或难以保持专注。

R（Respect）：尊重信号系统的价值，并与我们的潜意识建立可靠的关系。

O（Opportunities）：把握住疼痛信号提供的机会，练习新模式。

R（Restore）：恢复具身认知，使自己再次获得韧性。

对患者来说，MIRROR 系统发挥了积极的治疗作用，而不是被动依赖专家的建议或处方。就像我们可以学习重新校准状态 / 情绪（如过度警觉）一样，我们也可以使用 MIRROR 和相关技术对我们的神经进行重塑训练，以不同的方式解释疼痛。

洛里默·莫斯利领导的一个团队用放大镜这样简单的物品表明，如果我们将受伤部位的视角放大，疼痛的主观体验也会随之增加；如果将视角缩小，疼痛的主观体验就会随之减少。类似地，通过使用真实的镜子（不是缩写），我们可以使用身体无痛部位的图像来说服我们的大脑，事实上客观疼痛并不存在。

所有这些方法都是对那些不再为我们服务的信号进行重新校准的方式。

当信号受到干扰时

在本章，我们证明了感官可以为我们提供信号。除非我们养成了质疑信号意图的习惯，否则我们很容易忽视重要的信号或对其做出不恰当的响应。

在情境中，信号分为以下两种：

（1）不再有用的历史信号；

（2）当下仍然有意义的信号。

历史信号

想象一下，办公室里坐着一位老人。70 多年前，当他还年轻的时候，他发出了求救信号。有人忘了告诉老人信号已经被接收，事实上威胁在很久以前就得到了响应。从那以后，他一整天都在疯狂地发出求救信号，日复一日，年复一年。

慢性疼痛就如同这位几十年来一直在发出求救信号的老人。疼痛原本是一种威胁，而这种威胁早就消失了，但这一信息却并未传递回来。如果我们希望他停止发送信号，我们就需要向他发送信号，告诉他威胁已经得到评估和处理。

你可以使用"是""否"或"或许"的信号来提供意识与无意识之间的双向交流。

像疼痛这样的信号特别容易出现神经可塑性悖论，我们越努力不去想这个问题，疼痛感就越强烈。从神经科学的角度来看，专注于不疼痛与专注于疼痛是一样的，我们的注意力仍然在疼痛上。就像任何问题的补救循坏一样，我们练习得越多，我们的神经系统就越倾向于支持这个问题。

就已经养成的习惯而言，就像我们在田野上开车的比喻一样，建立新的道路需要你反复沿着一条路线行驶。经过几周至几个月的时间，车辙会重叠形成道路。

在许多方面，疼痛和其他不愉快的信号或状态都很相似。它们的意图是积极的，但有时会明显过头，并且在环境发生变化后的很长时间内仍在继续。以术语创伤后应激障碍（PTSD）为例，它假设患者的创伤反应与其过去的经历有关。有时情况确实如此，根据我们的经验，治疗速度惊人且有效。通常经过一两次辅导，患者的症状就会得到缓解。但更多的时候，信号更为复杂。

当下仍然有意义的信号

不幸的是，对于一线人员或仍然生活在重新经历创伤事件的潜在威胁中的人来说，创伤后应激障碍中的"后"便存在误导性。善意的"保护自己的安全"的信号没有得到解决，因此响应不再只是关于过去的一个或多个事件，它在很大程度上是关于当下的。

例如，在组织风险因素并未减少的情况下，人们需要新的技能，以便应对挑战并保持自身安全。在没有降低风险或提高应对技能的情况下，信号作为确保安全的最佳方式一直存在。

通常，创伤后应激反应不会"紊乱"。它可能会在患者的一生中造成无序和深刻的影响，但信号本身通常是有序的。

当创伤、疼痛或过度警觉等状态与当下对威胁的感知有关时，药物治疗或试图在不解决潜在问题的情况下消除这种状态都是有问题的。这些方法要么让患者变得脆弱，从而对患者造成伤害，要么干脆以失败告终，因为患者想要保持现有状态以确保自己的安全。

答案往往隐藏在显而易见的地方

通常，我们对疼痛的隐喻涉及冲突和伤害。例如，如果我们走了很长的一段路，我们的脚会很疼，我们可能会说"我的脚疼死了"。这在我们内部建立起一种内部冲突。

通过具象隐喻，我们通常能够获得对信号做出响应的深刻见解与新方法。在对与疼痛有关的隐喻的探索中，玛丽安·韦（Marian Way）讲述了她的一位患者是如何描述颈部疼痛的："我感觉脖子不舒服，就像两块粗糙的鹅卵石相互摩擦，碎屑一点一点掉下来。"

通过问"那些鹅卵石会发生什么"，玛丽安帮助患者意识到粗糙的鹅卵石需要润滑。"这意味着需要移动脖子。"通过解开隐喻，患者开始理解信号的意图。当她开始移动脖子时，她说她感觉好多了。

重要的是，玛丽安帮助患者从关注问题（疼痛）转向关注结果。玛丽安使用的过程是由来自新西兰的心理治疗师戴维·格罗夫（David Grove）开发的。20 世纪 80 年代，当格罗夫帮助退伍军人解决创伤时，他注意到他们总是用隐喻来描述自己的经历。通过关注患者使用的隐喻，他帮助他们获得了更深层的体验，揭示了他们的具象思维结构并塑造了他们的生活模式。该流程对解决疼痛、创伤等问题非常有效。

通过使用我们自己的隐喻，我们可以改善沟通渠道，在意识与潜意识之间建立信任，这些有时甚至是在我们睡觉时发生的。

梦境

我们不仅在清醒时才能体验到来自潜意识的信号或想法。任何一个梦想家都会告诉你，梦境是一种丰富的感官体验。对一些人来说，梦是令人愉快的、富有想象力和洞察力的；而对其他人来说，它们可能很可怕。

在创作这本书时，全世界正处于新冠疫情发生期间。在心理学期刊《梦》（Dreaming）

中，四项研究揭示了新冠病毒是如何进入人们的梦境的。一项研究报告称，有 20% 的梦境明确提及新冠病毒感染。那些因失业或感染病毒而遭受痛苦的人报告了更多的噩梦。

梦是日常生活的反映，通过学习如何利用梦境状态，我们可以从它的处理能力中获益，以帮助我们理解外部的混乱。

当我们做梦时，大脑的视觉区域比清醒时更活跃。我们的前额叶皮层负责处理执行功能，如逻辑、语言、应用和社会约束等，但它不太活跃，因此白天的想法会通过不同的感觉系统进入梦境，该系统使用符号和图像，而不是语言和逻辑。

我们对感觉到的信号和状态背后的意图进行校准以告知自己什么选择是重要的，如果这是第一步，那么第二步就是发现并解释我们潜意识的隐喻。第三步是参与和利用我们的梦境世界。

请记住，梦是象征性的，与其试图从字面上理解它们，不如将其视为用一个事物表达另一个事物的隐喻。

例如，想象一下，你正在决定是否离开一个你讨厌的工作场所，但这份工作能给你带来丰厚的回报。你每天晚上都会带着未被回答的问题入睡。如果收入降低，那么你会接受一份既有趣又有意义的新工作吗？那天深夜，你从梦中醒来。你跌跌撞撞地穿过一片黑暗的树林，藤蔓困住了你，你无法动弹，然后你进入了一片明亮的空地。你突然发现自己登上了一艘船，来到了一个灯火通明的新城市。当你醒来时，你发现自己对新工作的前景感到兴奋，对旧工作感到恐惧。

我们白天遇到的一切都可以在我们的梦中显现。我们的梦境经常受到媒体的强烈影响。

一项针对 1000 多名土耳其居民的研究发现，当地报道的媒体内容越暴力，他们的梦就变得越暴力。研究人员发现，媒体中充斥的色情内容会导致性梦的增加。当我们放下手机、关闭笔记本电脑或关掉电视时，媒体的沉浸感并未停止。它甚至会在我们的睡眠中继续，对我们有着深远的影响。

难怪人们经常报告说即使睡了一整晚，还是感到很疲惫。

不过，我们不必被动地观察我们的梦境。我们可以利用梦境来帮助我们处理清醒时的经历或解决棘手的问题。许多人报告称发现了问题的解决方案，还有些人会在入睡时收到强烈的信号，以帮助他们摆脱优柔寡断的束缚。我们都利用梦境来获取我们的潜意识能力。我们会在睡觉前设定一个特定的挑战，并要求我们的潜意识找到解决方案。

爱因斯坦的相对论是在一个关于奶牛被电栅栏击打的梦中提出的。在梦中，爱因斯坦看到奶牛在围栏电击它们的同时跳起来。但站在田地另一端的一位农民看到它们一个接一个地跳。

在梦中，爱因斯坦与农民争论他们对现实的不同看法。当爱因斯坦醒来时，他有了新的见解。这种洞察导致了相对论，这是 20 世纪最著名的科学发现之一。

我们睡觉时的思考可以帮助我们确定在醒着的时候还需要做些什么来保持韧性。

接下来，请继续前行。

如何做出正确的响应

因为有了互联网，我们能更便捷地获得更多的信息。然而，智者却比以往任何时候都更加困惑。对微弱的信号做出反应，无论是外部信号还是内部信号，都会给我们更多的时间来做决定。

不过，信号或直觉并没有"先见之明"，它们可能是错的。启发式也可能是错的。聪明的人知道自己什么时候该困惑，他们知道如何确定自己所处的环境及如何应对。有时，答案十分明确；有时，最好的行动方针是果断行动，即使他们无法确定结果；有时，最好的答案是"或许"；有时，我们需要探索外部环境或我们的内部潜意识来收集更多的信息。

内部信息可能以符号的形式存在。隐喻和信号更具象，通常，它们是无法被简化的。同样，伟大的艺术也不能被简化为固定的形式，我们的无意识感知、思考、决策及交流模式也可能保留着神秘和模糊的元素。

如果生活中的每件事都是完全已知的、确定的，并且堪称完美，那么生活会变得多么枯燥。更糟糕的是，如果没有信号、感觉、符号、隐喻或梦会怎样？生活就像一个人在昏迷中梦游。

你对压力的信念会杀死你吗？如果你已经激活了反安慰剂效应，那就重新构建你的信念来支持安慰剂效应，使自己恢复健康。

为了消除混乱，有时要遵循简单有效的原则。

如果是历史信号，那么请将其关闭；如果是当下信号，那么请揭示信号的意图并做出响应。

答案是否正确：
1. 只有傻瓜才会闯过去；
2. 果断决定；
3. 生活的道路是由无法做出决定的松鼠铺成的。

08—

建立内在动机

内在动机是韧性的关键属性，当我们能"选择去做"某事，而不是"不得不做"时，就是拥有内在动机的表现。

爱丽丝的教训

> 爱丽丝："请你告诉我,我从这里该往哪里走?"
>
> 柴郡猫："这在很大程度上取决于你想去哪里。"
>
> 爱丽丝："我不太在乎要去哪里。"
>
> 柴郡猫："那你走哪条路都可以。"
>
> ——《爱丽斯梦游仙境》(*Alice's Adventures in Wonderland*)

理解爱丽丝对方向的渴望的关键就隐藏在她并未明说的动机中。她询问方向,可过了一会儿,她又告诉柴郡猫,她并不在乎自己要去哪里。也许她更在乎的是旅途的本质,接受一切,欣赏当下,或者只是享受与别人同行的过程。

如果我们过分关注目标或目的地,那么我们很容易在生活中陷入不愉快的状态。如果目的地不如我们想象中那样令人满意呢?如果我们花了几十年的时间去追逐一个梦想却从未实现呢?如果我们改变了梦想,或者情境在我们没有注意到的情况下发生改变了呢?

我们在人生旅途中没有计划,或者不考虑未来的选择,会让我们变得脆弱。过分强调问题会导致我们错失机会,而忽视问题也会让我们变得脆弱。

行动或不行动、计划,甚至是好奇心,都有其积极或消极的一面。我们就像爱丽丝一样,动机通常是不清楚、不明确且无意识的。

使命、愿景、目的、战略、计划、目标、成果、关键绩效指标、解决方案等,只要涉及

地图

目标　请这边走

结果/产出　意图　后果/结论

我们的潜意识，并设定明显或隐藏的动机，那么这一系列"路标"和"地图"都可以帮助我们定义并设计一个有韧性的未来，这些概念都是解决问题和管理未来风险与机遇的好方法，只要你能将它们应用在正确的环境中并在适当的时间范围内进行部署。

你希望发生什么

结果导向型的行为方式拥有很多优点，即使像爱丽丝一样，知道无方向的旅行本身就是一种结果，而不是一个问题就足够了。

从形成良好结果的角度来看，人们通常能与问题建立更灵活的关系。我们发现，人们几乎不需要额外的帮助就可以探索问题的本质。那些能够清楚表达自己愿景的人往往会发现，当他们将注意力放在做什么而不是不做什么上时，问题就会消失。

通常，问题本身并不是问题；相反，问题在于我们与问题之间的关系。

最理想的问题是询问某人想要什么。

我被文件淹没了。　　我的老板是个恃强凌弱的人。

由彭妮·汤普金斯（Penny Tompkins）和詹姆斯·劳利（James Lawley）开发的"问题－补救－结果"模型（Problem-Remedy-Outcome Model，简称 PRO 模型），是帮助人们从问题转移到预期结果的有效方法。它通过一组简单的问题来追踪和引导注意力。PRO模型可以由人们自行应用，也可以用于指导团队与组织明确结果。

如果不关注期望的结果，我们就会发现自己陷入了问题补救的循环。以减肥行为为例。

问题（P）：我超重了。

补救（R）：我需要减肥。

结果（O）：我想变得健康。

理想的结果可能涉及一个人与食物和运动之间关系的可持续性。他们的行为可能很简单，如健康饮食、每天运动。

众所周知，关注解决方案或结果通常比关注问题本身更有效。这并不是说我们应该避免或忽视问题；恰恰相反，我们要把重点放在问题与预期结果之间的关系上。

你希望获得什么结果

补救措施是一种减少或消除不受欢迎的事物的方法。

如果你仔细倾听自己内心的声音或他人的意见，那么大多数人都会以"停止""减少""远离""放弃"等表述告诉你他们希望你如何解决问题。

而很多补救措施往往并没有对措施实施后的情况进行描述。从语言学的角度来看，补救措施的最终结果并不指向问题所在。如果有人想减少文书工作，那么满足他们，他们又得到了什么？没有文件，他们可能不会不知所措，但他们可能没有任何事情可做甚至丢掉工作。

补救措施可以消除问题，而一旦补救措施得以应用，它就不会为行动设定方向。

我想减少文书工作。

补救声明的特点如下：

- 尚未发生；
- 包含问题的描述；
- 包含消除或减少问题的愿望。

对于那些使用补救声明的人来说，理想的问题包括以下几个。

- 然后会发生什么？
- 接下来会发生什么？

我希望我的老板离开。

预期结果描述了当一个人拥有他想要的东西时，世界会是什么样子的。它们不同于补救措施，因为它们不是问题的解决方案。相反，它们设定了一个目标和一个特定的轨迹。

预期结果声明的特点如下：

- 尚未发生；
- 包含对新情况或行为的渴望和需求；
- 不包含对问题的任何引用。

我想掌握一种整理文件的方法。

一旦你将注意力放在结果上，就可以发现更多细节。

- 还有别的事吗？
- 什么样的事？

我希望拥有一个能尊重员工的老板。

明智的结果

一旦确定了预期结果，下一步就是实现它。它的模式是否正确？它与情境是否一致？这可能涉及提出明确的问题，将无形或抽象的欲望带入一个更加具象的循证领域。

我们在设定目标时经常使用 SMART 原则。

SMART 是具体（Specific）、可衡量（Measurable）、可实现（Achievable）、相关（Relevant）及有时限（Time-bound）的缩写。

我们在此对原缩略词进行了改写，包含了检验情境及不可预见的风险元素。

我们没有创建一套全新的标准，而是调整了 SMART 的目标，并加入了生态学（Ecology，E）和风险（Risk，R），让结果变得更加智能。

具体

识别结果的感官特异性证据。这包括你或其他人可以看到、感觉到、听到、尝到或闻到的证据。

可衡量

项目或成果应该具有可以被衡量的标准。

企业中有数量惊人的关键绩效指标（KPI）被用来评估结果。通常，那些设定"改善公司治理"等关键绩效指标的人，没有提供任何具体的、可衡量的标准来评估结果。

像这样模糊的 KPI 只会产生更多的问题：如何衡量改进程度？多少努力就足够了？奋斗到底会有结果吗？

这种模糊性是许多不良的管理方式的问题所在，通常与欺凌和压力有关。

可实现

其他人是否取得了类似的结果？如果有，你也很有可能获得这个结果。如果你是第一个，那么请看看是否可能尝试一种安全的失败方式。

你还要考虑，结果的每个方面是否都在你的控制或影响范围内。如果结果取决于其他人的许可或参与，那么它是不完善的。只有当所有要素都到位时，它才会形成良好的形式。

相关

实现结果所需的资源是否可以获得？例如，如果你想买一栋价值 50 万美元的房子，那么银行会借钱给你吗？如果它这样做了，那么你能够偿还抵押贷款吗？

有时限

时间是衡量结果最差的标准之一。听到项目超支比听到项目按时交付的情况要常见得多。

生态学

生态学描述了当从更广泛的角度考虑时，结果是否满足了可接受的成本、合理的时间范围、良好的收益等要素。生态学还质疑结果与情境之间的匹配程度。

风险

风险是实现预期结果时需要考虑的关键因素。最常见的风险处理方法是平衡事件发生的可能性和后果。然而，有时事件发生的可能性是无法估计的。一些破坏性事件突然出现，如我们前面描述的黑天鹅事件。我们能做的就是为可能出现的不利因素做好准备。

为了获得一个好的结果，我们知道：

☑ S：具体的标准是什么；

☑ M：我们可以用某种方式对它进行衡量；

☑ A：这是可以实现的；

☑ R：有充足的、相关的资源；

☑ T：我们考虑过时限；

☑ E：这是一个什么样的系统，我们也考虑过关系和影响；

☑ R：考虑并确定这些风险是我们可接受的。

実践

学会提问

一个四岁的孩子会问一连串的问题，他们热衷于问"但是，这是为什么呢"。在一定程度上，你只能耸耸肩。答案通常是"只是因为……"，因为我们求助于一个简单的因果证明。

"为什么"这样的提问模式倾向于将注意力从逻辑层面转移到越来越详细的论证上。这无助于我们理解或引出更广泛的意图。

一种很好的提问方式是这样的：当我 / 你拥有它时，它是用来干什么的？当考虑到可能的后果时，这一问题提供了一个简单、高效的决策过程，简称 OIC 过程，该过程将结果（Outcome）、意图（Intentions）和后果（Consequences）视为一个相互关联的整体。

心理治疗师朱尔斯（Jules）和克里斯·科林伍德（Chris Coillingwood）确定的 OIC 过程鼓励人们在广泛的情境下考虑期望的结果，在投入资源之前明确更深层的意图和可能的后果。它还考虑了结果将产生直接的连锁效应的可能性。

OIC 过程最好以具身化的方式完成。通过生动而详细的想象，我们可以体验每一步，就好像它正在发生一样。

结果、意图和后果可以被投射到不同的情境和不同的视角下。它们也可以被绘制在白板上，以实现可视化的思维过程；当然你也可以在咖啡馆的餐巾纸上涂鸦。

第一步

设想一下预期的结果，检查所有感官是否都参与到你所创造的体验中。当这个结果实现时，你会看到、听到、感觉到、品尝到甚至闻到什么？

结果是否更明智？

我想买一辆法拉利！我可以想象在路上飙车看起来很酷，我很开心。我能闻到新皮革内饰的气味。

我能感觉到方向盘在我手中，我透过低角度的挡风玻璃朝外看。我会感到精力充沛！

第二步（1）

退一步问自己，这个结果是为了什么？

类似的问题包括，它的目的是什么？这个结果给了我什么？

退一步想想，我想要它做什么？嗯，吸引异性！

我为什么想吸引异性？嗯，最终结婚生子。

第二步（2）

重复这个过程，直到答案是显而易见且明确的。像"为了幸福"这样的答案过于笼统。

这种模式有很多变体，通常存在多个意图或一系列相关的意图。

我为什么想结婚生子？

嗯，这是一个很大的人生目标，我会很开心，或者感到满足和被爱。

实践

真实的、想象的和意外的后果

一旦建立了意图链，我们就必须考虑当这些意图得到满足时，会发生什么。

第三步

首先，在探究了意图之后，回到结果。感受一下获得这种结果的感觉，然后站在一边问自己，拥有这种结果的好处和坏处是什么？

考虑时间、金钱等后果，以及这些后果对其他人的影响。

其次，考虑所有意图的后果。你可以探究每一个意图，感受一下达到这个意图的感觉，然后站在一边去考虑好的方面和坏的方面。

当你考虑获得结果和达到意图的后果时，在步骤之间来回切换是有帮助的。在第一步中，它们可以作为一个整体被重新整合。

第四步

　　进入第三视角，不再考虑结果、意图及后果。从整体上考虑一致性或连贯性。

　　结果是否可以实现或满足意图，并产生可接受的后果？

　　让我们回到拥有法拉利的结果、意图和后果。

　　"嗯，它确实开得很快，我看起来很酷，但它的价格高昂，保险费很高，没有放置安全座椅或婴儿车的空间，我总是忍不住踩油门，而且我几乎肯定自己会因为超速而失去驾照！"

　　更深层的意图可能是："我可以吸引异性并组建家庭。也许为了满足我潜意识中组建家庭和获得幸福的意图，拥有法拉利不是最好的结果。"

　　当你建立了一个意图链，其中包括对上行和下行后果的审视时，重要的是确保你仍然想要得到这个结果。

　　该过程也可以从更深层的意图向后运行，以比较可能的替代方案和可能满足该意图的相关后果。如果你意识到在运行这个过程之后，你不再想要这个结果，并且你想找到一种不同的方式来满足对你来说很重要的更深层的意图，那么这就很有用。

　　在这个例子中，另一种结果可能是拥有一辆露营车。

　　有时，当我们以这种方式探索结果和意图链时，内部信号会说：是的，我可以这样做！

　　即便如此，有时你也可以探索几个不同的结果。例如，你可以考虑租一辆法拉利开一天，看看它到底是什么样子的。

第五步

　　如果一个结果看起来很有希望，那么在追求结果之前，请想象一下未来会发生什么。想想一段时间后，这样的结果会是什么样子的。想做到这一点，要从结果开始，向前迈进，想象3个月、6个月或12个月已经过去（这个时间段取决于具体情况）。现在想想随着时间的推移会发生什么变化。

　　如果你从未来的角度思考一个决定，那么这个决定是否仍然可行？

　　基本的"结果–意图–后果"模式如下所示。

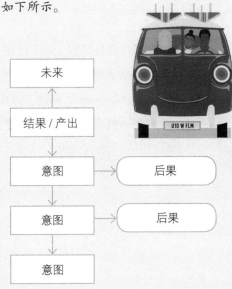

未来
↑
结果 / 产出
↓
意图 → 后果
↓
意图 → 后果
↓
意图

你有目标感吗

目标感有时也称为使命感或内在动机。你的目标可以是任何活动，如一个项目、一个爱好或一个承诺。它通常被用来描述一种情况，即某人将其所做的事情与其身份联系起来。例如，他不是打高尔夫球或做音乐的人，而是高尔夫球手或音乐家。

当被问及在这种最高级别的意图下进行操作是什么感觉时，人们往往难以充分表达这种体验。用"幸福""满意"或"欣慰"这样的词来描述状态是不够的。

我们应该向那些疯狂的人致敬，他们特立独行，桀骜不驯；他们惹是生非，格格不入；他们用独特的视角看待世间万物；他们打破规则。你可以支持他们，反对他们，赞美或诋毁他们，但你唯独不能忽视他们，因为他们改变了事物。

> 成功人士以不同的方式在各自的领域推动着该领域的发展，他们有一个共同点，那就是他们都发现并实现了自己的目标。当他们知道自己在这个领域要做什么时，他们开始着手改变世界。
>
> ——史蒂夫·乔布斯（Steve Jobs）

如果没有目标感，那么任何一位成功者或变革者都不会走太远。

大屠杀幸存者维克多·弗兰克尔（Viktor Frankl）的著作《活出生命的意义》（*Man's Search for Meaning*），描述了内在动机或目标感作为韧性的关键属性。

内在动机或目标感也在科学文献中记载的十几种塑造韧性的因素中有一席之地。

你要往哪里去

就像使用任何类型的地图一样，第一步是要了解你目前所在的位置。只有从那里开始，你才能规划一条通往你想去的地方的路线。当然，至少有一段时间，像爱丽丝一样在没有方向的地方徘徊也是可以的。

关键是，我们如何移动或做出响应都取决于地形。我们清楚情境吗？我们了解自己的意图吗？我们了解地形或我们在其中的位置吗？我们能合理地预测后果或负面影响吗？如果我们对所有这些问题的答案都是肯定的，那么我们就可以制订详细的计划并设定目标来管理未来的行动了。在这些情况下，路径通常很明显。

在复杂的情况下，理解意图尤其重要，因为路线和我们的位置通常并不精确。未来的道路充满不确定性，我们无法轻松地预测未来，也无法预测我们行动的所有风险和后果。

如果没有平坦的道路和宽阔的河流，那么你需要探索多种不同的路径，以便朝着你的目标方向前进。在穿越河流时，你可能需要从一块垫脚石转移到另一块垫脚石，或者可能需要后退。

> 如果 A 计划不起作用，那么还有 B 计划、C 计划……Z 计划等共计 25 种计划。
>
> ——克莱尔·库克（Claire Cook）

在复杂的情况下，计划的价值并非确保未来的稳定性，而是为未来的不确定性做准备。在这种情况下，意图成为指导原则。这就允许我们在逆风前行的同时改变方向。

就像航海一样，有时到达目的地的最佳方式是多次改变方向。

在海洋中（与在生活中一样），我们可能会被意想不到的事情缠住，在收集到更多信息之前，改变方向是明智的选择。当你遭遇了一场意想不到的风暴时，等到天晴再回到港口，就会避免严重的不利影响。

　　我们与组织中的许多人进行交谈，他们报告说自己不知道组织的发展方向，或者他们不知道如何适应预期的方向。更糟糕的是，他们确实知道组织的发展方向，但这与企业所声明的使命及他们最初加入企业时吸引他们的原因有所出入。

　　结果、变革的方向或对未来的规划，与最初的动机脱节，这类现象太常见了。即使是看似无害的度假也可能被视为一种充满压力的经历。这种模糊性往往延伸到个人财务规划、职业规划、项目计划、公司战略、婚礼规划，甚至是茶话会。

　　在旅途、婚礼或茶话会上，你需要谨慎地考虑你邀请的对象。你们有共同的动机很重要。

09

发展重构技能

我们的生活并不像一堆摇摇欲坠的积木，通过设计，它可以以一种稳定且坚韧的方式被重构。

重构是引导注意力的艺术

> 在正式发言之前，我有重要的事情要说。
>
> ——格劳乔·马克斯（Groucho Marx）

构建框架是一种语言和非语言的模式，它可以设置场景和引导注意力。构建框架是自然发生的（无意识的）互动中常见的策略，该策略经常被用作应对具有挑战性的事件。

本章对帮助自己和他人培养韧性非常有用

框架可以增强、削弱或转移我们的注意力，让我们为下一件事做好准备。它可以把我们的注意力集中在我们想要记住的人或事物上，也可以把我们的注意力从我们不想停留之处转移开。

学习如何使用框架及如何重构能帮助我们注意到自己何时被操纵。重构还可以帮助我们通过转变意义来培养韧性。

本章的阅读时间是 60 分钟

大多数人需要 60 分钟左右的时间来阅读这一章的内容，并通过一次冥想练习来完成所有的活动。然而，正如我们在前言中提到的，我们创作本书的初衷是让你可以根据自己的需求自由地运用书中提及的方法并付诸实践。

直到现在，我们还没有明确指出，这本书的每小节都包含一个独立的框架，提供了易于理解的有用信息或需要学习的技能。此外，每章都可以作为一个整体独立地呈现，每小节也都能以一种连贯的方式呈现。读者无须有意识地知道这一点，就能从书中获得实用的价值。

因为本书的每章都是一个独立的框架，所以我们可以对整本书进行重构。

这本书也反映了作者设定的一个更大的框架：让个人、团队和组织在一个复杂、动荡的世界中生存和发展。

本章阐述了如何重构经验，以最大限度地提高韧性。我们将在接下来的内容中介绍一些技巧，帮助你在最具挑战性的情况下生存和发展。书中还明确说明了构建框架和重构是如何被应用的。

重构在生活中的应用

对于一个充满好奇心的两岁孩子来说，人行道上的烟头很迷人。显然，让一个两岁的孩子捡街上的烟头是个卫生问题。

家长的常见反应是："停下！别捡起来！"（附带嵌入式指令"捡起来"）

然而，孩子的积极意图是什么呢？

它可以是："我对这个世界很好奇，地面上的东西很有趣！"

我们希望孩子保持好奇心，同时避免捡烟头带来的负面影响。对待这类行为，干预行动必须迅速。伸手去摸烟头和吃掉它之间只有一瞬间！

我们需要让蹒跚学步的孩子明白，他们的好奇心是好的，我们需要采取更有建设性的方式来引导他们。我们可能会说："这些东西很脏，我们必须用脚踢开它们，像这样。让我们看看能踢多远！"

对此进行重构：

- 发现问题行为；
- 猜测积极意图可能是什么；

- 引入一种符合积极意图的安全的替代方案；
- 将可选择的行为放大为可以参与的有趣的游戏。

同样的模式也可以用于应对其他对孩子有危害的行为，例如，让孩子使用棍子去戳可能有毒的野生浆果或菌菇，而不是用手去摸。这个特别的框架使用了"问题 – 补救 – 结果"模型及我们之前提到的"结果 – 意图 – 后果"模型。

看起来像只鸭子

重构是一种艺术形式，我们可以通过实践来发展它，也可以从别人那里归纳学习。

为了快速学习，我们使用优先顺序结构来帮助人们发展重构技能，包括考虑证据、推断和意图。在通常情况下，对挑战性情境的反应（影响）是无意识地发生的，而不涉及意义构建的过程、偏见（推断）或基于感官的证据。我们通常从重新引入或评估证据开始。然后，我们继续进行已知的推断，有时还会思考其中的意图。

推理就是一切

根据视错觉理论，视角的任何差异都可能改变推论。

在下页的图中，如果图中的动物看起来像鸭子，它像鸭子一样游泳，像鸭子一样呱呱叫，那么你可能推断它很可能就是一只鸭子。

一种流行的重构方法是切换情境。例如，谁或什么能从当前的形势中获益？把注意力从糟糕的天气转移到对鸭子来说很好的天气上，就是一个很好的例子。这样就保留了证据（下雨），同时将推论改为下雨是好事，坏天气的影响就会减少，因为我们会微笑（或感叹），并接受下雨天并不总是那么糟糕。

组成情境的故事或故事的某一部分就是我们所说的内容，内容也可以被重新构建。"就我个人而言，我更喜欢兔子。"它是一种内容的重新构建。重构意图还涉及内容或故事。例如，你听到一位同事在工作中被老板批评。你对他说："我不知道你为什么能容忍这样的老板！"

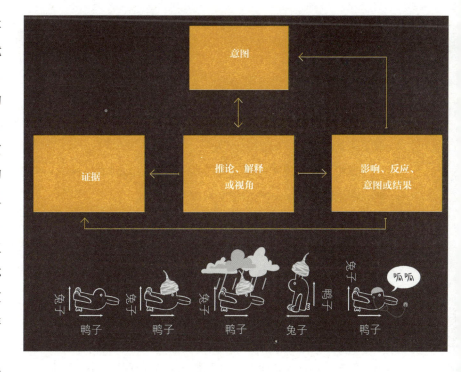

他回答："没关系，我知道他只是想让我按时完成这个项目。他推荐我升职，他希望我能成功。他严厉的语气和话语对我来说就像鸭子背上的水一样。"

这就重构了一个积极的意图。

幽默可以被自由应用在任何阶段

当这只鸭子意识到在随机对照实验中，它吃的药物并不比安慰剂有效时，它会对医生说什么？

"呱呱！"

我们很少需要直接重构影响，只需要仔细考虑证据、推论和意图。

何谓科学

人们普遍误认为，科学和法律等学科是公正、理性的，能够证明或揭示"真相"。但事实并非如此。

真相，就像现实一样，可能是一个雄心勃勃的目标、一个概念或隐喻，但真相这个词经常被误用。

我们所相信的和记住的可能并不完全准确。我们如何理解这个世界是非常主观的。通过叙述改变记忆也很容易，而我们的意义构建被无意盲视所混淆。我们已经进化到能够发现隐藏的模式，我们经常会看到自己期望看到的，而错过我们不想看到的。我们只看到了画面的一部分，而不是某种客观现实。

科学家、律师等人对真理概念的使用和滥用，都会破坏人们的适应力。

为了以端止的态度巧妙地进行重构，并保护自己不受欺骗或不被"陷害"，理解科学、信念、信仰和其他形式的思维之间的区别是很有必要的。

科学的方法

早在亚里士多德（Aristotle）将物理学、逻辑学、生物学和心理学等概念汇集在一起之前，科学方法就一直在进化。

> "科学"源自拉丁语 scientia，意为"知识"，是基于可检验的解释和对客观事物的形式、组织等进行预测的有序的知识系统。

伟大的科学哲学家卡尔·波普尔（Karl Popper）认为，一个理论永远无法被证实，但它可以被证伪。理论应该被仔细地审查和检验，而目的则是为了推翻它。再多的实验也无法证明一个理论，但一条证据就可以反驳它。一个设计良好的实验无法反驳一项理论，却可以提高该理论的可信度，但永远无法达到"被证明"或无条件接受"真理"的程度。

参考托马斯·贝叶斯（Thomas Bayes）在 18 世纪早期的工作，许多科学哲学家认为，与证实相比，证伪是非常有力的证据，但证伪本质上仍然是概率性的。正如波普尔所论证的那样，证伪与证实的根本规则并无不同，一个被证伪的理论完全有可能被推翻。

科学方法永远不能绝对肯定某件事发生或没有发生。

托马斯·库恩（Thomas Kuhn）认为，对科学方法论的欣赏和参与需要我们认识并承认主观性的作用。他认为，科学不会逐渐走向真理。相反，当理论无法解释某些现象，而恰好有人提出一个新的理论时，知识会在范式中积累，在范式转换之前保持不变。

因此，科学不是完全建立在客观性之上的。它在主观上是由科学界的共识来定义的。对于复杂的问题尤其如此。

在理想情况下，我们只有对证据进行系统的评估，才能确定证据是否支持某一特定的结论。

科学界的声誉问题

科学的最大悲剧是美丽的假设会被丑陋的事实所扼杀。

——托马斯·赫胥黎（Thomas Huxley）

科学方法可能并不完美，甚至得不到普遍认同，但它是我们了解自然世界的最佳途径。科学实践中被扭曲的驱动因素所产生的负面影响往往会误导我们。科学的呈现方式也很容易被重新框定。

例如，"科学证明"这个表述有时被用来歪曲科学证据，使某种说法被相信，但其目的是向你推销某种东西。大众对科学有信心，却容易忽视科学方法的本质——基于证据来质疑、检验并反驳某些观点、结论、数据等。

另一个被过度炒作的术语是"循证"。很多健康疗法声称是循证的，但当检验这些证据时，我们却发现它们的效果往往并不比安慰剂好，或者证据不是很理想，这意味着既得利益者没有任何兴趣去查验可能提供反证的东西。

当心既得利益

举个既得利益的例子，如果你看了一个宣传只吃蔬菜的好处的纪录片，并且：

- 执行制片人拥有一家生产有机豌豆蛋白的公司；
- 宣传该纪录片的名人和医学"专业人士"都有销售植物性营养品的副业；
- 该纪录片的演员是那些知名的纯素食主义运动员，他们营造了这样一种印象：如果你停止吃肉，你也可以成为一名优秀的运动员（无须训练）；
- 引用的科学文章只代表科学证据的一小部分。

此时，你要提高警惕，你可能掉入了陷阱。需要明确的是，我们并不反对素食主义者。当我们观看一部讨论肉食好处的纪录片时，如果它是由一个养牛场的主人制作，由著名的肉食主义者和拥有炸鸡连锁店股份的医生支持，那么我们同样会持保留意见！

世界上有三种谎言：谎言、该死的谎言及统计数据。

——马克·吐温

设计的科学偏差

一个被广为报道的"科学危机"是，很多科学发现普遍无法被复制，特别是在社会科学领域。其中有许多"无辜"的原因，包括学术界不正当的激励机制，以及对发表新观点而不是驳斥旧观点的过分认可。然而，设计偏差还可以通过多种方式发生：

- 理论可以以一种允许有利推论的方式被框定或重新框定；
- 与安慰剂相比，被试的选择可以使治疗效果最大化；
- 统计上的风险和收益可以以一种收益最大化和风险最小化的方式呈现；
- 数据可以被反复"扭曲"以获得积极的结果；
- 可以进行大量的实验，只保留积极报告。

为了说明科学是如何因精心设计的框架而产生偏差的，我们来看看 2008 年美国的一项研究发现。研究人员跟踪了 74 项涉及 12 564 名患者的抗抑郁药物实验，其中 38 项实验结果为阳性（有积极的疗效），36 项实验结果为阴性（没有任何益处）。在 38 项阳性实验中，有 37 项实验研究得以发表。而在 36 项阴性实验中，只有 14 项实验研究得以发表，其中 11 项声称药物治疗在某些方面有积极的表现，只有 3 项实验被作为反对药物治疗的证据。

当心名人和专家

仅仅因为你可以在家庭烹饪比赛中评判谁做的肉丸最好吃，并不代表你就有资格成为流行病学专家。

注意那些名人或有影响力的人所做的代言。思考一下，他们能从背书中得到什么回报？

判断证据的真实性

当你试图理解信息时，从模糊、混淆和另类的言论中判断证据的真实性十分重要。例如，故意闲扯是一种蔑视观众区分虚构与事实的能力的行为。你可以从以下六个方面判断证据的真实性。

（1）**质量**。证据的质量高吗？

（2）**特殊性**。这些证据有特殊性，还是普遍性？因为特殊的主张需要特殊的证据来支持，所以我们要寻找多种多样的证据。但是，要对异常现象保持警惕。

（3）**来源**。你能接触证据的源头吗？这些源头是间接的、神秘的，还是道听途说的？

（4）**一致性**。这些证据与常识是一致的，还是与基本思想相悖？如果存在分歧，该如何解释？

（5）**公正**。证据是否符合你的个人认知？是否存在偏见？那些支持这些主张的人能从这种支持中获得什么好处？

（6）**充分**。你有足够多的证据吗？在你做出决定或开展行动之前，寻找相反的证据。

从失败中前馈

没有失败，只有反馈。

把麦克风对准扬声器，充满整个房间的噪声会让大多数人捂住耳朵。没有人喜欢这种反馈。在这种情况下，反馈是一种尝试，它将批评框定为对你有好处的见解。

仅仅打着"反馈"的旗号进行批评，对建立信任、提高表现或改善关系几乎没有任何帮助。我们要学会有效地给予和接受反馈。

在《从蔑视到好奇》(*From Contempt to Curiosity*)一书中，凯特琳·沃克(Caitlin Walker)提供了一个清晰的反馈过程，这个过程广泛地适用于培养韧性和做出决策。我们可以使用"证据－推论－影响"这一过程作为重构指南。

证据：可以观察到的行为。

你看到和听到了什么？

推论：我们对该行为的主观解释。

你认为这种行为意味着什么？

影响：你对推论（不是证据）的反应。

推论的结果是什么？

让我们通过几个例子了解如何使用该模型给出反馈。

演讲后的回顾

证据：我听到你巧妙地问我一些我在报告中忘记提到的问题。

推论：你关心我在团队中的表现。

影响：我们都在庆祝一场成功的演讲，我对我们的工作关系越来越感激。

挣扎的关系

证据： 我无意中听到你向朋友描述我的缺点。

推论： 你不尊重我。

影响： 我正在考虑远离你。

在反馈过程中，将推论与证据分开是至关重要的。"好"和"坏"等价值归因过于主观，因此你的证据要具体。

对于那些模棱两可的证据，最简单的证明方式是提出具体的问题，但要记住通过包装来软化表达方式。

对于不确定的名词，问：具体是什么？

对于不确定的动词，问：具体怎么样？

"你问的问题很好"和更具体的"你问了三个问题，让我想起了我忘记的东西"是不一样的。

"你批评我"和"你告诉我，晚上我坐在沙发上喝酒，而你做晚饭和哄孩子睡觉，这让你很生气"是不一样的。

证据的特殊性及其描述方式是任何反馈过程中沟通的关键。

对于无益的批评，一个有用的重构方式是，设置一个"废话过滤器"。这个过滤器会把所有的批评都转化为废话连篇的声音，直到有人说出有据之言。当考虑在未来采取何种做法时，这些基于证据的反馈都会被考虑在内。

将失败重新定义为成功前的一个阶段，是为"与众不同"建立一个前馈循环。前馈循环可以被设计为显性的或隐性的，这取决于如何将新知识集成到我们前面描述的OODA 循环中。

利用证据重构推理

　　以下是来自辅导客户过程中的五个简短叙述。首先确定这些对话中的三个关键组成部分：证据、推论和影响。一旦确定了这些组成部分，你就可以重新编写故事，重新构建推论，从而改变影响。插图中还有额外的证据线索。

我的老板是个情绪很不稳定的人。他对我大喊大叫，一怒之下把文件扔到了房间的另一边。我压力太大了，都不敢去上班了。

证据_____

_____

_____

推论_____

_____

影响_____

_____

我们的企业文化很糟糕，同事之间缺乏相互尊重，他们从来不对我说早安。他们从我办公室门口走过时从来都不和我打招呼。我宁愿在别的地方工作。

证据_____

_____

_____

推论_____

_____

影响_____

_____

我向上司坦白，我对实现预期目标感到焦虑。她建议我向心理咨询师寻求帮助，以缓解焦虑，提高自信和自尊。

我在努力满足孩子们的各种需求，他们不断地想要得到我的关注，却很少去纠缠他们的爸爸。

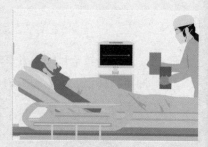

我今天送走了一个病人。我赶到的时候已经晚了。

证据_____

_____

推论_____

_____

影响_____

_____

_____

证据_____

_____

推论_____

_____

影响_____

_____

_____

证据_____

_____

推论_____

_____

影响_____

_____

_____

重构推理的例子

这些重构的例子来自我们辅导的客户。

我的老板就像个小孩！他会像四岁小孩一样发脾气。我意识到我才是这个房间里的成人，我能处理好这件事。

哦，他们不敢打扰我！我向他们问早安，看看会发生什么。

啊，我发现这个项目确实值得焦虑。我根本没有足够的资源。我需要采取行动，管理期望。

孩子们对我的关注就是他们喜欢我的表现。这说明我是个好妈妈。我想知道孩子们的爸爸是否有时间陪伴他们。

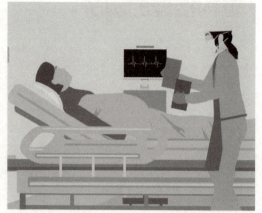

我到的时候他已经过世了，这并不是我的过错。我只是无法创造奇迹令他起死回生。我尽力了。

记忆里的一只山羊

我告诉别人我最喜欢的食物是山羊肉。不过我自己并没有真正尝过，只是见过当地人吃。但幸运的是，这不是我在 2010 年海地地震后遇到的那只山羊。

地震发生后的头几天，空气中弥漫着死亡的气息，闷热的空气和 23 万人的亡魂使这一切变得更加糟糕。大约 300 万人受灾，人们陷入绝望。而在这 300 万人中，无数个创伤性患者源源不断地涌向第一批为数不多抵达这里提供救援服务的人。

在这里，我们的眼泪和愤怒难以控制，我们甚至失去了时间观念，日夜颠倒。这个星期我们仿佛置身于人间炼狱。

克里斯·汤普金斯
（Chris Tompkins）

消防员、护理人员和救援人员，在应急响应方面有30年的经验，曾担任非政府组织的志愿者。他现在是全球人道主义组织的顾问。克里斯曾在海地、智利、巴基斯坦等国家担任行动负责人。

在黑暗中，我站在一顶敞开的帐篷前，它并不是医用帐篷，仅有的一点儿空间只够容纳一个担架，这个担架被放在了煤渣堆上，我目睹了又一起截肢手术。这个夜晚，我看着眼前的一切，在残酷的一天中稍稍喘息。为了避免自己的头灯会对为截肢手术照明的光线造成干扰，我低着头，注意到手术台下面有只公鸡，它正开心地啄食着地面上的"食物"。

我感觉左边有个人走了过来，我以为是其他医生，于是我转过身想要跟他说话，结果我发现那是一只山羊，它正在看着那只公鸡。而我没有反应过来，我继续把自己的想法说了出来。山羊很有礼貌，全神贯注地听着我说话，脸上竟带着歉意，好像在说："我为公鸡的无礼行为感到抱歉，但你现在必须振作起来，不要再大声对我说话了。"

我和山羊都把注意力转回到正在吃东西的公鸡身上，然后我们在沉默中一致认为，即使是在这种情况下，公鸡也做得太过分了。然后我的长角伙伴走回阴影之中，我则继续工作，奇怪的是我感觉自己的状态好多了。

回到家后，我忽然意识到那只公鸡代表了我们在海地所面临的超现实绝望。而那只山羊则成为我的资源，为我提供了一瞬间微笑的记忆。

多年后，我和同事们一起接受并通

过了韧性训练，这让我们在经历某些极端经历后依然能保持健康和韧性。我坚信，韧性训练应该成为所有领域应急人员的标准配置。这总比求助山羊要更实际。

黑色幽默带来光明

> 如果我还能笑得出来，事情就没有那么糟。
>
> ——卡门·莫兰（Carmen Moran）

幽默，特别是黑色幽默，一直被认为是一种韧性策略。它帮助我们应对挑战或潜在的创伤性事件。急救人员在日常交流中常会使用黑色幽默。

幽默也会出现在一些用于衡量韧性的量表中。

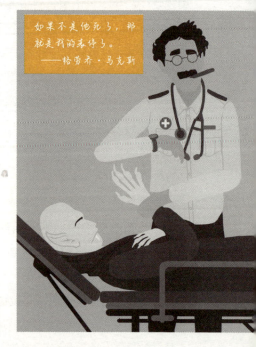

如果不是他死了，那就是我的表停了。
——格劳乔·马克斯

对于外行人来说，黑色幽默可能显得冷酷无情，甚至被认为是一种冒犯行为。而那些刚开始从事一线工作或刚进入高压工作环境的人，很可能会对这样的幽默感到震惊，因为无论是语言还是手势看起来都越界了。

问题是，我们对界线的定义是什么？

一方面，幽默是韧性策略的重要组成部分；另一方面，有人认为这种行为很不恰当。

如果幽默被用来伤人，或者别人认为它很无礼，那么它就是不合时宜的。当我们用幽默来改变对周围事件的看法时，在适宜的文化背景下，它就可以成为一种好用的工具。

林肯大学（University of Lincoln）的萨拉·克里斯托弗（Sarah Christopher）在回忆起自己在对护理专业的学生进行培训时指出，黑色幽默就像某种特征，被经验丰富的急救人员随意地传递给了那些刚入职的新人。

克里斯托弗以早期研究为基础，留意到有意识地为工作场所注入幽默感带来的好处。这些早期研究发现，幽默感对病人也有好处，它可以缓解痛苦和焦虑，也有助于创建一个更强大、更富有活力的团队。

幽默与其他韧性策略一样，非常注重情境。与电影不同，幽默是没有剧本的。它稀奇古怪、富含创意，当然还很有趣。在任何情境下，恰当的幽默回应都是很好的韧性策略。

如果有必要明确"可以"与"不可以"之间的界限，那么诸如"像这样"和"尽量不要那样"的口头或非口头鼓励会更有效。当你感觉某个笑话不合时宜时，你可以抬起头或扬起眉毛，这些细微的线索会帮助你明确表示当下的幽默并不恰当，或者可以简单地说明对方已经越界了。

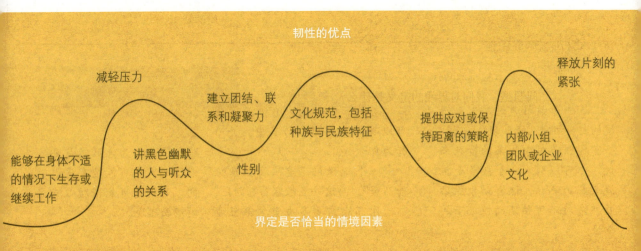

实践

六步重构法

六步或 n 步重构（n 意味着任何数字）是一种有效的行为改变模式。你可以进行调整和扩展，在任何需要改进的情况下做出改变。你可以在中间添加其他步骤，也可以对某些步骤进行调整，总之有多种方法可以满足六个步骤中每一个步骤的意图。

最初的六个步骤是由格林德（Grinder）创建的，标题下面的内容是我们的改编版。

该过程既可独立应用，也可以用来指导他人或团队。它可运用于各种情况。

第一步
确定要改变的行为

你可以对行为进行扩展以适应当前状态。

你可以在第一步进行重新规划，确定想要的结果，但是最好等到第三步确定积极意图之后再重新规划。

第二步
建立一个可靠的无意识信号系统

目的是确保深度参与，并超越左脑解释器的意识叙述。这一步也可以引入心流状态，或者可以包括隐喻和符号，可以是具体的，也可以通过艺术形式表述。

第三步
确认要改变的行为背后的积极意图

行为的背后通常会有附加的意图（有时是一系列）。

你可以简明扼要地表述意图，也可以与家人或工作团队进行讨论。

第四步
具身可视化

这一步最好通过对未来情境的具身可视化来实现。

特别是对于复杂的情况来说，你可以引入一个或多个挑战或压力测试，这有助于你培养在应对不可预见的情况下的韧性。

第五步
让潜意识为行为负责

与第三步相同，有很多方法可以确保潜意识参与其中，并为行为负责。

一个犹豫的"是"往往意味着"否"，而这一点很容易判断！

你可能需要多次重复第五步和第六步。

第六步
生成一组理想的替代行为，以满足被改变的积极意图

这些行为既可能是无意识的，也可能是有意识的。它们也可能借助心流游戏而出现。

10—

塑造心流时刻

只有做与不做，没有尝试。任何尝试、忧虑或对成功的过分关注都是与心流相悖的。

描述难以描述的

　　时至今日，精英运动员、高产作家、伟大的音乐家及科学家的高度专注状态对我们来说仍是一个谜。他们饱满的激情似乎与某种神奇的物质相关。这些杰出人才似乎拥有一种他们自己也无法控制的天赋，正是这种天赋使他们超越常人。

　　精神病学家米哈里·契克森米哈伊（Mihaly Csikszentmihalyi）在采访了一些杰出人物后，首次提出了心流这一概念，这些杰出人物将自己的经历描述为"如同顺流而下"。

　　心流也被描述为"处于某种状态"，是一种完全沉浸、精力集中及全神贯注的状态。正是在这种状态下，我们才能让自己的能力发挥到极致。如果让杰出人才解释自己处于心流状态时的感受，他们也不知该如何形容，这仿佛是一种超自然状态。

　　高性能状态根据个体、活动及情境的不同而表现出差异，它们的强度、稳定性及持续时间也存在差异。

　　心流通常既是专业表现的先决条件，也是预期结果。通过进入心流状态，我们可以唤起一种类似冥想的状态，从复杂的生活和认知过载中释放出来。

　　不管我们如何解释心流，当大脑两半球之间存在适当的高水平连接时——当我们激

活了整个神经系统时，当我们明明没有在思考，却处于思考状态时——便很容易进入高性能心流状态。

心流的神经科学

当杰出人士试图描述心流状态的感觉时，他们常常不知道该如何说起，而科学基于这种特殊状态的构成提供了一种稍显含糊却很充分的阐释。

人们在各种沉浸式及挑战性环境中研究心流状态，如弹钢琴、运动、开发软件、攀岩和玩电子游戏。而科学结果也支持了这种阐释：

- 心流激发了人们在登山或极限运动等活动中的冒险精神；
- 当人们的注意力高度集中时，工作效率会有所提高；
- 心流提升了创造力；
- 我们可以通过将心流融入教育或培训实践来促进学习。

当我们在组织中对团队成员进行指导时，当这些团队成员在心流状态中行动时，收益就会呈指数级增长。心流能带来一种在无意识状态下发现模式的能力，这加速了人们对他人需求的预期，使成员之间实现更快、更高质量的互动。此时的整体远远大于部分。集体智慧的出现使得创造力与表现、机会与韧性均呈现阶梯式的变化。

设计能够引入心流状态的游戏

心流介于未受刺激与过度刺激之间。不管你从哪一层开始爬上楼梯，或者爬到多高，你的目的都是进入心流状态，然后稳定心流状态。

对有些人来说，通过高压活动找到心流状态并稳定下来很容易。而对其他人来说，这一过程却没有那么容易。

幸运的是，我们可以通过心流游戏来引导自己进入心流状态，并练习激活、稳定这种状态。许多人报告说，经过练习，即使只是记住参与心流游戏的经历，也足以触发自身状态的改变。

心流游戏的设计原则模拟了许多体育运动中的条件。最重要的是，游戏必须包含一定难度的活动。随着你的技能提高或精通程度的提升，游戏的难度也会逐渐增加，所以你必须不断地迎接挑战。

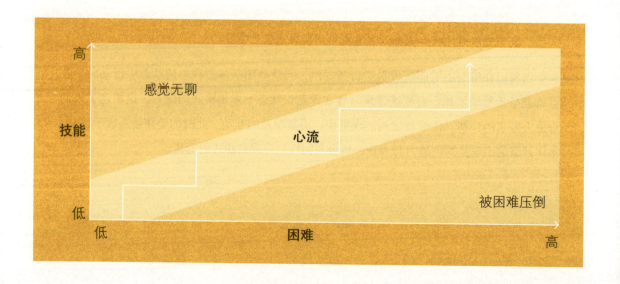

除了可扩展的难度，心流游戏还应被同时运用到身体上。这需要大脑的跨半球活动，而这似乎也是进入心流状态的一个重要的先决条件。

游戏应该以均匀的节奏和足够快的速度进行，防止玩家有意识地思考该如何应对挑战。

通过大声说话或唱歌的方式来表达外部语言的游戏有助于消除内心的自我对话。当人们描述心流时，通常不存在内心的对话。当你处于心流状态时，左脑解释器会暂时休息。

心流游戏最好在教练的督导下进行。教练的工作还包括调整状态的变化。教练会去追踪错误，而玩家则可以完全沉浸在活动中。

对许多人来说，在刚开始玩游戏时，试图完成特定的挑战或任务会产生问题。同辈压力、内心的对话及竞争都可能成为阻力。记住，完成任务并不重要。衡量游戏成功的唯一标准是状态的质量，这就意味着你要放手，专注于当下。

通过大量的练习，许多人都可以通过细微的肌肉运动来随意激活心流状态。运用锚点或触发机制，心流可以和任何状态一样，通过任何感官被激活并稳定下来。

实践

字母游戏

进入心流状态的一个快速、有效的方法就是字母游戏。我们在此处展示的版本是以约翰·葛林德（John Grinder）、罗杰·陶布（Roger Taub）和茱蒂丝·迪露西亚（Judith DeLozier）的原始版本为基础的。

第一步
字母表

在一张纸上写下字母A至字母Y，每行写5个字母，每个字母下面留出足够的空间，可以容纳一个同样大小的字母。

第二步
指导

在每个字母下面，随机写上L（左）、R（右）和T（一起）。但是注意要在字母T下面写T，在字母L下面写R，在字母R下面写L。这是为了增加游戏的难度。

确保在阅读整页或向下阅读时，L、R或T相邻的字母不超过2个。

这样做的目的是使图表看起来更加困难。颜色、线条
或其他辅助手段都不重要。记住，我们的目的是创造一款
标准难度的游戏。

这张图只能使用一次，否则人们会记住上面的字母。

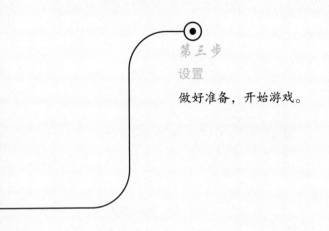

第三步
设置

做好准备，开始游戏。

如果你正在指导某人玩游戏并激发他的心流状态，我们建议你和玩家站着玩，这样整个图都在视野范围内，清晰可见。

如果你是教练，你的职责是建立融洽的关系，并构建经验框架。你可以站在一边，与玩家和图组成三角形站位。观察和监视玩家的动作及状态的变化，同时跟踪玩家出现的错误。

稳定的节奏很重要，玩家会被要求尽快完成游戏，以防止玩家有意识地修正错误。

作为教练，你可以给出指导。当玩家犯错时，你可以指导他们摆脱当前的状态，放松下来，重新开始。

如果你是教练，你需要在纠正玩家的频率及中断心流的负面影响之间恰当地找到平衡。

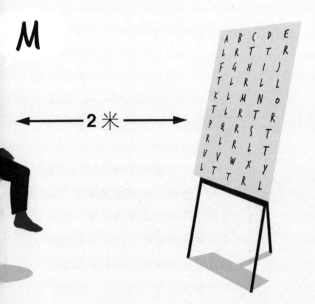

实践

放手进入心流状态

玩游戏

第一步

玩家从 A 开始，大声读出字母表中的字母，同时举起与字母相关的手臂。如果是字母 L，玩家就要举起左手；如果是字母 R，玩家就要举起右手；如果是字母 T，玩家就要同时举起双手。

第二步

从右下方的 Y 开始，按照与第一个条件相同的规则，举手并大声喊出相应的字母。

在这个阶段，我们建议至少玩两个或多个回合。

大多数人会在第一步和第二步花 2 ～ 5 分钟。

第三步

从 A 开始，保持同样的举手模式，增加难度。玩家在举起左手的同时，要抬起右腿；举起右手的同时，要抬起左腿；当举起双手时，玩家需要弯曲双膝。一直持续到字母 Y 结束。

即使有人在第一步和第二步便遇到困难，我们依然会发现继续尝试第三步是有好处的。这可能需要教练谨慎地表达并帮助玩家稳定心态。

第三步通常用时约 10 分钟。这是大多数人从游戏中获得明显的状态改变所需要的时间。教练要对玩家的生理变化和心流表现的改变进行校准，这一点比记录持续时间更重要。然而，当玩家单独玩游戏时，我们发现第三步的 10 分钟时限往往会带来不错的效果。你可以自己设置一个计时器。

在理想情况下，玩家应该在各种情况下始终不断进步，这样就能一直受到挑战。如果你觉得第三步太难了，可以回到第二步。

精英运动员和那些经常进入心流状态的人可能会非常迅速地完成心流游戏，从而进入更高级的状态。

第四步

在字母表中由上向下蜿蜒行进。从 A 开始，向下移动到 U，然后穿过 V，再向上移动到 B，穿过 C，以此类推。

第五步

由教练随机选择字母。教练用一根教棒指出字母并控制节奏。

第六步

教练开始擦掉字母表中的字母（但不是指示抬起哪只手的字母），直到字母逐渐消失。玩家在这一过程中把字母记住。当然，按正常顺序记忆相对容易；而对大多数人来说，按字母表倒序记忆是相当困难的。很少有人能在教练的带领下，不自觉地掌握整个图表的空间分布。

我们发现字母表游戏是进入心流状态最快、最有效的方法之一。它可以让人们提高表现力，然后在广泛的环境中应用它。我们可以用它来帮助自己做好应对高压情况的准备，或者从已经发生的事件中获得更睿智的观点。

玩家可以修改规则以单独完成游戏。但在理想情况下，你需要一名教练在你犯错时提醒你，因为如果你去纠结错误，你就很难保持心流状态。

独立进行游戏的高级选项是改变腿部动作，如在健身球或平衡板上保持平衡的同时进行游戏。

当独立玩游戏并计时时，将计时器设置为 10 分钟。你可以在忘记计时器的同时通过关卡。在理想情况下，除了游戏本身，你会忘记其他因素。当你开始注意到自己能够更快地进入心流状态时，可以降低时限。

心流状态可以伴随你的一生。它可被用于以下几种情况：

- 当你很难专注于一项工作时；
- 当你上台表演时或在演讲之前；
- 当你运动时；
- 当你在具有挑战性的情境中工作时；
- 当你难以做出决定时；
- 当你想在具有挑战性的情境中提高韧性时。

在下一节，我们将帮助你运用心流迎接挑战。

实践

心流状态模式切换

> 问题的出现很少是因为问题本身，而是因为你处理问题的状态。
>
> ——约翰·葛林德
> （John Grinder）

为了发现新的视角或为长期存在的问题找到新的解决方案，我们可以引导自己进入心流状态，然后将该状态应用到记忆或想象的情境中。

我们可以用便利贴将下面六个步骤贴在地板上。

第一步

（1）识别情境

站在第三视角（好奇的观察者），选择一个物理空间，想象自己正居住在那里。

选择一个情境或事件，在那个空间里重新创造某个问题。它可以是你正在努力理解的一段记忆，可以是当前的问题，也可以是你所关心的未来事件。

在你的想象中，为这个事件或情境构建一个细节丰富的版本。这可能有点像在观看全息图，你能看到和听到现实生活的投射，包括人、物体及各种互动，但最重要的是你自己。

（2）切换到第一视角

从第三视角，直接移动到你刚刚开发的空间，并切换至第一视角（你自己）。现在利用你所有的感官来充分体验当下的情况。特别留意你在这种模拟情境中的感觉、状态/情绪，以及你是如何呼吸的。

这是一个可选步骤，你可以感知周围形势。如果这种体验让你备受压力，那么你可以退到第三视角。

第二步
打破状态

走出沉浸状态。晃动手臂，活动身体几秒，从刚刚经历的感觉中跳出来。

这种中断和抖动有助于防止你将感觉从当前情境带入心流状态。

第三步
进入心流状态

通过不同方式进入心流状态。你可以玩字母游戏、骑自行车、玩杂耍，或是在独木桥上保持平衡——任何帮助你进入心流状态的方法都可以。

第四步
返回情境

返回第一步中的情境2（用便利贴标记）。如果你的经验在任何情况下都势不可挡。这里就是第一步的a位置。保持这种新的心流状态。当你走进曾经经历过的情境时，一定要保持姿势和呼吸。在理想情况下重新进入情境，保持心流的峰值状态。

当你将心流状态带回到情境时，你对该情境的体验是如何变化的？首先，带着好奇心去体验这个过程，不要有意识地试图改变你想象环境中的任何部分。

在这一步，许多人描述称，问题消失了或不再重要了。

第六步
情境设想

在另一个地方，想象未来的一个情境，在这个情境中，你所发现的事情已经发生了。

你和其他人会有什么反应？考虑级联效应。

采取行动和不采取行动通常都有负面结果。

进入心流状态甚至还有缺点。

第五步
发现新机会

有时候，发现一个新机会就足够了，即使我们没有意识到这是一个什么样的机会。

此时，问问自己以下问题。

- 我希望发生什么？
- 我的意图是什么？
- 在这种情况下，什么样的状态或资源可以帮助我？

心流的阴暗面

虽然心流带来了良好的表现、韧性及在极端情况下较强的生存能力，但它也存在阴暗的一面。

在描述心流时，契克森米哈伊指出，它可能会令人上瘾。心流本身是具有目的性的，这意味着它本身就是终点或目的。在心流状态下，人体会释放大量神经化学物质，产生一种令人感觉良好的冲击力，许多人认为这种冲击力比毒品、酒精带来的感觉要好，甚至比性愉悦感更强。

> 大脑产生了巨大的神经化学级联。你会得到去甲肾上腺素、多巴胺、大麻素、血清素及内啡肽。这五种物质似乎都是增强表现力的神经化学物质。
>
> ——史蒂芬·科特勒（Steven Kotler）

对许多人来说，心流提供了一种宣泄方式——让你从自我引发的焦虑或担忧中分离或超脱。心流与网络游戏和网络成瘾有关，沉迷于网络游戏和网络成瘾会导致社交关系破裂，降低学习和工作的专注力。网络游戏开发者会投入大量的研究和资金用于完善用户界面，以吸引玩家的注意力，让他们长时间进入沉浸式心流状态。如今甚至已经出现了专门针对网络心流成瘾的治疗计划。

过度沉浸于心流状态的影响在极限运动中表现得最为直接和显著，在极限运动中有可能会造成严重伤害甚至死亡。在滑板、滑雪、巨浪冲浪或翼装飞行等各项运动中，心流的神经化学混合物会推动心流成瘾者去追求越来越大的风险。

心流扭曲了我们对风险与后果的评估能力。在高风险活动中，缺乏经验的参与者往往很容易被心流所诱惑。在本应谨慎的地方，他们却不管不顾地横冲直撞，仿佛自己是不可战胜的，而这往往会带来致命的后果。

无法进入心流状态则会导致反社会行为。对许多一线的专业人士来说，心流是他们的动力来源。他们会在压力下茁壮成长。当需要立即采取行动时，他们处于最佳状态。但是当他们开始考虑换工作，或是当他们被迫（因创伤或倦怠）离开一线岗位时，就要开始面临挑战了。对于这些曾经有着出色表现的人来说，找到另一种进入心流的途径是从创伤中恢复和从一线工作中过渡的重要组成部分。

从有规律的一线工作忽然转变为平静的工作，就像经历了一场毒瘾戒断过程。对一些人来说，这种转变过于突然了。退役回家的士兵就是一个典型例子。在战斗中，人的全部意识都被凝聚在当下那一刻。当士兵们完全沉浸在战斗中时，他们会失去自我意识，仅存一种"活下去"的信念，抛开一切自我意识和注意力，甚至连时间都开始变得扭曲。康斯坦茨大学（University of Konstanz）的研究员荣莉亚·舒勒（Julia Schüler）认为，正是这种自我反思意识的丧失，让士兵们能够毫无负罪感地杀人。

无论人们如何进入心流状态，无论是工作、运动还是沉浸在某项爱好中，过渡到其他情境并对体验的成瘾性进行管理都需要经过深思熟虑和设计。

没有犯错的余地

蒂姆·艾美特
（Tim Emmett）

冒险家、攀登者。作为世界上最顶尖的全能登山者之一，他在深潜、登山方面均获得过世界声誉。现在他和妻子、儿子住在加拿大。

我开始定点跳伞是为了强化在山里的体验。爬上一座大山或一堵墙，然后飞向地面，这一直是我的梦想。我玩了四年定点跳伞，几乎无法用语言来描述穿着翼装在山谷中极速飞行时的感觉。

在起跳前的几分钟里，我的注意力完全集中在那些微小的细节上：风速和风向、设备状态、起跳区域的障碍物等。我的肾上腺素在不断增加，但我

如果不是如此危险，我怀疑我们是否会在此刻体验到心流的感觉。

必须控制住它，这样我才能做出正确的决定。

检查，检查，检查……

然后周围世界开始缩小，汇聚成心流的一个瞬间。一步，一步，向前推进……

翼装翅膀上的腔室内迅速充满空气并膨胀起来，然后下降速度开始减慢，我进入了滑翔状态。尽管整个过程中有许多细节，但是在一秒内，它们都成了那个时刻——一个如此强烈的时刻，我身体的每个细胞都能感受到它。

我好像变成了一只鸟。我可以在很短的时间内翻转、转弯和高速滑翔，完全摆脱重力的限制。

打开降落伞的瞬间总是怀揣信任和希望的时刻，当我开始减速时，我的注意力就放在了如何安全降落上，我通常会落在岩石和树木之间。一旦着陆，世界的大门就会再次为我打开。所有的关注点和注意力都会转移到那些朝我欢呼的伙伴身上，兴奋感持续在我的身体里蔓延，通常会持续好几个小时。

然后我希望再来一次。

定点跳伞令人上瘾。没有什么比这更好的体验了。但这也非常危险。我因此失去了很多正处于人生巅峰的朋友。这件事没有犯错的余地，它要求我们的注意力高度集中。可如果不是如此危险，我怀疑我们是否会在此刻体验到心流的感觉。

六年前，我的儿子出生了，而最近又有一个好朋友因跳伞而去世了，他的伴侣怀孕了。我想是时候收起翅膀了。应该还有其他方法可以让我体验这种强烈的心流，尽管可能不像翼装跳伞那样令人着迷。

至少我儿子能知道他爸爸要回家了。

心流的最后一道屏障

　　神经科学、实时传感和机器学习的最新进展才刚刚开始对心流状态下的模式进行描述。在不久的将来，我们也许能够在虚拟现实或增强现实等技术的帮助下，引入并稳定心流状态。也许很快，我们就能模拟天才或精英的心流状态，并通过匹配脑电波和运动模式将这种状态传递给其他人。已经有类似量化脑电图（qEEG）这样的技术在帮助运动员和士兵进入心流状态，让他们能更快速地学习，表现得更好。

　　像字母表这样的心流游戏可以用于发展高性能状态，这种状态几乎可以应用于任何事物。在实践中，我们已经可以运用心流游戏来训练运动员，帮助创伤性脑损伤患者进行神经恢复，帮助客户找到挑战性问题的解决方案，帮助专业人士获得创造性的商业解决方案，管理人际关系，等等。

　　不可思议的是，我们发现心流游戏同样有助于改善人们的睡眠。让左脑从有意识的喋喋不休状态中安静下来，就能产生深度睡眠所需的高性能状态。

　　练习，练习，再练习。然后发展出进入、稳定和应用心流状态的技能。总有一天，你不用通过游戏也能做到这一点。心流状态很可能是重塑韧性的关键。

　　记住，心流就是放手。就像尤达大师对卢克说的那句名言："只有做与不做，没有尝试。"任何尝试、忧虑或对成功的过分关注都是与心流相悖的。

11

刻意暂停

会努力，更要会休息。有时，暂停是为了走得更远。

敢于休息的勇气

　　史蒂夫是世界一流的中长跑运动员，布莱德是医疗保健领域的高级顾问。他们描述了自己在精疲力竭之后，仿佛突然从云端落回地面的经历。上一分钟，他们还在天空翱翔；下一分钟，他们发现自己坠落地面。

　　在体育、音乐和商业等不同的领域，早期超常表现，但随后便呈现出倦怠状态的经历极为常见。

　　<mark>倦怠不是在自己努力的领域中表现不佳，而是未能成功地设计并实施有效的恢复策略。</mark>

　　在 20 世纪 40 ～ 50 年代，"1 英里跑"是跑步界极负盛名的赛事。在过去，跑步爱好者痴迷于在 4 分钟内跑完 1 英里（约合 1.609 千米）。世界纪录从 1913 年的 4 分 14 秒逐渐降低到 1945 年的 4 分 1 秒。这项纪录一直保持了 10 多年，始终未被攻破。甚至没人能把这多出来的 1 秒打破。世界上最优秀的跑步者都想通过训练来打破这一难以逾越的界限，但没有人能打破纪录——直到罗杰·班尼斯特（Roger Bannister）在 1954 年成为第一个在 4 分钟内跑完 1 英里的人。

　　在班尼斯特冲过终点线之前，4 分钟像个魔咒一般被视为人类能力的生理极限。班尼斯特的成功绝大部分都要归功于他高强度的间歇训练，以及领跑员克里斯托弗·查塔韦（Christopher Chataway）与克里斯·布拉舍（Chris Brasher）完美的团队合作。

　　班尼斯特在训练中有一个重要但经常被忽视的方面：班尼斯特休息得很好，可能当时没有其他运动员能像他那样以自己的标准参加比赛。

　　在创造纪录之前，班尼斯特做出了一个令人费解的决定。他放弃了在跑道上继续进行高强度间歇训练的计划，而是开车前往苏格兰山区，此时距离比赛只剩下两周的时间了。连续好几天，他和几个朋友绝口不提比赛的事，更别说去看赛道了。相反，他们一起去徒步登山。他们在心理上完全放下了跑步这件事，在很大程度上，他的身体也放下了跑步。

回到英国后，班尼斯特再次震惊了整个跑步界。他并没有强迫自己去适应跑道，或者进行"地狱式训练"，让自己弥补失去的时间，而是继续休息。班尼斯特用了 3 天多的时间，让自己的身体从前几个月的训练中逐渐恢复过来。在距离比赛还有几天的时候，班尼斯特通过一些简短的锻炼来调整自己的身体状态，仅此而已。

比赛当天，当最后一圈的铃声响起时，班尼斯特开始疯狂冲刺。当他离终点越来越近时，所有人都站了起来。随着最后的冲刺，他爆发出的能量显而易见。3 分 54 秒，3 分 55 秒……

当班尼斯特冲过终点线时，他完全不知道自己刚才有多么努力地向前冲刺，人群中响起了欢呼声。在 4 分钟内，罗杰·班尼斯特打破了历史上最大的魔咒之一。

班尼斯特取得的非凡成就在很大程度上都要归功于他敢于休息的勇气。

何时休息或怎样休息，根本没有标准

有证据表明，周期性休息在体育运动中极为重要。但令人惊讶的是，关于周期性休息在体育运动或生活中的好处很少出现在文献里。

对睡眠和休息的定量研究较少的一个原因是，人们往往将注意力放在了表现上。正如戴安娜·雷纳（Diana Renner）和史蒂文·德索萨（Steven D'sousa）在《不做：把挣扎转化为安逸的艺术》（*Not Doing: The Art of Turning Struggle*）一书中所探讨的那样，人们普遍痴迷于以牺牲幸福为代价的过度工作。

值得注意的是，倦怠和疲劳的信号通常都很特殊。《美国医学会杂志》（*Journal of American Medical Association*）曾发表了一篇有关医生职业倦怠的系统综述，文中强调了一点：

> 在这项系统综述中，医生对职业倦怠的发生率的估计存在很大差异，从 0 到
> 80.5% 不等。职业倦怠在定义和评估方面也存在显著差异。职业倦怠与性别、年龄、
> 地域、时间、专业及抑郁症状之间的关系尚无可靠定论。
>
> ——丽莎·罗森斯坦（Lisa Rosenstein）

除了定义上的显著差异外，文献中对倦怠感受的描述，或者在倦怠发生之前需要休息的警告信号的描述都存在很大差异。请将以下科学报道与下一节的采访内容进行对比。

所谓的马斯拉克职业倦怠量表将职业倦怠描述为对工作中慢性情绪及人际压力的长期反应。==职业倦怠的特征是情绪耗竭、去个性化和低效能感。==

正如倦怠的迹象与症状各不相同，恢复的途径也多种多样。

不出所料，研究人员注意到，当个人的效能感强大，并且其他生活领域能够支持这一恢复过程时，倦怠的恢复过程会更容易。

==避免倦怠状态的关键是在越过临界点之前就能识别出休息的信号并给予响应。==

对运动员来说，职业倦怠是一种心理社会建构。	对护士来说，职业倦怠是一种道德困境。	对教师来说，职业倦怠通常包括精疲力竭、愤世嫉俗和职业效能显著降低。	对警察来说，职业倦怠通常包括情绪耗竭和去个性化。	对护理人员来说，职业倦怠与工作留存率低、病人护理质量差、情绪及身体健康状况下降有关。

休息和睡眠的信号

对于忙碌的人来说，他们很容易忽视休息的信号，以至于让压力积累，最终导致精疲力竭。

请将以下采访对象对职业倦怠的信号的描述与之前学术研究者对职业倦怠的描述进行比较。

> 我感到肩上有一种沉重的负担。
>
> ——多米尼克·贝克，塔斯马尼亚板球俱乐部首席执行官

> 我的腿会时不时地开始颤抖，然后忽然一下子"卡住"。
>
> ——蒂姆·麦卡特尼，极限登山者，sea-to-summit 户外装备创始人

> 当我对人们感到厌倦，对他们失去耐心时，我需要花一周的时间来休息和恢复。
>
> ——尼克·米切尔，Lip Fitness 全球首席执行官

> 当我超过自身极限的时候，我可能会割破手指，做饭时可能会滑倒。那时我才知道我已经精疲力竭了。在此之前，我更善于解读自己，我制定了一些策略，让我信任的人来帮助我。
>
> ——劳伦·伯恩斯，奥运会跆拳道金牌得主

> 我的情绪就是疲劳的信号。我意识到，当我开始变得消极时，我的自我对话会更多地转向担心过去和未来，而不是活在当下。我想要精力充沛、活在当下、乐观向上，所以当我无法这样做时，就是该休息的时候了。
>
> ——安东尼·哈德森，国际足球教练

> 我过去常常会感到兴奋或疲倦，感觉自己是在空转，无法控制自己入睡前榨干最后一滴精力。我不允许自己再那么累了，我需要安排几次短期和中期休息。
>
> ——林齐·博伊德，BoB 地球之声创始人

8 小时神话

如果你长达几个月或几年都忽视了自己的睡眠和休息信号，那么当你重新审视自己的生物钟时，了解他人需要多少睡眠会对你很有帮助。

根据经验法则，美国国家睡眠基金会（The National Sleep Foundation，NSF）公布了每日理想的睡眠小时数。请注意，不同年龄组的数据之间差异极大。

新生儿（0 ～ 3 个月）	14 ～ 17 小时
婴儿（4 ～ 11 个月）	12 ～ 15 小时
幼儿（1 ～ 2 岁）	11 ～ 14 小时
学龄前儿童（3 ～ 5 岁）	10 ～ 13 小时
学龄儿童（6 ～ 13 岁）	9 ～ 11 小时
青少年（14 ～ 17 岁）	8 ～ 10 小时
成年人（18 ～ 64 岁）	7 ～ 9 小时
老年人（65 岁及以上）	7 ～ 8 小时

重要的是在不同的时间范围（每日、每天、每周和全年）内对休息信号做出反应：在忙碌的日子里寻找放松的机会，在一周中安排休息的时间，在你的年度日历中计划出休养期。

如今，这在精英运动中被称为"周期化"。好的教练都能意识到，不断地努力达到最佳表现只会导致倦怠和精疲力竭，所以他们会精心计划在基准比赛中达到最佳状态，并留出休息和恢复的时间。

而在更长的时间范围内（几十年），我们可以考虑更长时间的休息或休假。支持员工离开工作场所进行几个月的长期休假的公司，提供了一种留住员工的明智的可持续方法。

不同的活动都可以达到休息和恢复的目的，哪怕只是在一段时间内刻意关注健康状况和睡眠质量。最重要的是，确定一生中最适合自己的事情，随机应变。你可以改变你的生活节奏和睡眠周期，以适应当下，而不是试图机械地保证 8 小时睡眠，这可能并不是你的实际需求。

我需要睡觉

"今晚，我要早点睡。"我们都曾说过这句话。我们早早开始漫长的一天，并且要在被剥夺睡眠的状态下挣扎一整天，保持清醒。

如果你沉迷于电视节目，一直看到睁不开眼，或者如果你的睡眠时间比实际需要要少，那么你知道这样做的危害有多大吗？

缺乏睡眠会以一种增量反应的方式降低我们的状态。这就像喝酒一样，你喝得越多，影响就越大。事实上，24 小时不睡觉所造成的认知障碍与血液中酒精含量 0.1%（超过大多数国家的酒驾限制）造成的认知障碍相同。

睡眠是由两个系统进行调节的：生物钟负责调节我们的睡眠冲动，而稳态的睡眠压力驱动睡眠需求。生物钟是一种生化循环，它使我们的睡眠周期与 24 小时的太阳周期保持同步。睡眠驱动力或稳态睡眠压力反映的是随着我们清醒时间的延长，大脑中的腺苷会积聚，为我们提供睡眠信号。

加州伯克利大学的睡眠研究人员马修·沃克（Matthew Walker）说："在 16 小时不睡觉后，人会达到一种高压水平。"他继续说："当你睡觉时，腺苷压力阀才能被释放。"

在理想情况下，生物钟和睡眠压力应该是同步的。然而，对大多数人来说，它们却并不同步。最常见的原因之一是生化刺激。无论是通过我们的活动还是饮食，我们都在自己体内制造了生化混乱的状态。例如，咖啡因通过抑制大脑中的腺苷受体来阻止睡眠冲动。用化学兴奋剂压制睡眠冲动的效果会快速凸显。最终结果是一种矛盾的烦躁－疲劳状态。

长期缺乏睡眠会严重损害健康。连续 6 个晚上只睡 4 小时会导致血压升高、应激激素皮质醇水平升高，以及胰岛素抵抗，而这是 2 型糖尿病的前兆。而认知能力下降、肥胖、糖尿病、过早死亡及其他一系列不良影响都与睡眠不足有关。

我们不能只靠打盹来解决问题。短暂的间断的睡眠几乎没有任何恢复价值，对表现的影响几乎与完全剥夺睡眠相似。像护士、急诊医生和外科医生这样的医疗从业人员，他们的工作是长时间的轮班制度，偶尔穿插着短暂的小憩。当睡眠不足导致认知功能下降时，他们很容易在工作中出错。

睡眠不足会损害工作记忆、创新思维和灵活做出决策的能力。它会影响员工的表现，甚至会让我们更有可能做出不道德的行为。

如果你收到了睡眠压力的预警信号，那么一个简单的解决办法就是放松油门，尽快偿还睡眠债务。首先，你要意识到你需要把失去的睡眠补回来。有证据表明，我们的睡眠越匮乏，我们就越难以意识到自己在消耗能量。即使是一个晚上的睡眠不足也会极大地影响判断力。学会倾听信号，尤其是那些指引我们休息的信号，是非常重要的。

周日早上睡个懒觉可能是减少睡眠不足的一种方法，但还有更有效的方法来设计最佳的睡眠和休息周期。

制订睡眠计划

就像韧性的许多其他方面一样，良好的睡眠是一个自然过程，许多人却失去了这项能力。如果你的睡眠质量不好，或者你想从特殊的睡眠和休息周期中获益，那么你可以通过设计开发出个性化的睡眠计划。

精英睡眠教练尼克·利特尔黑尔斯（Nick Littlehales）对我们采取的方法做出了最好的解释。他说，你应当考虑睡眠周期，而不是几个小时的睡眠时间。我们应该考虑一整天、整个星期，而不仅仅是你每晚睡了几个小时。

假设你是典型的白天工作者，你可以从夜间睡眠周期开始设计整个过程。如果你是夜间工作者，你也需要遵从同样的原则，但你可能需要更高层次的计划，特别是在管理自己的生物钟方面。

众所周知，大多数人在大约 90 分钟的一个睡眠循环（以下简称 R90）中会经历 4～5 个睡眠阶段。在一个睡眠循环中，有打盹阶段、浅睡眠阶段、深睡眠阶段和以快速眼动睡眠为特征的做梦阶段，最后是觉醒阶段。

每个阶段都在不同方面起了很重要的作用。制订睡眠计划的目的是，让自己最大限度地进入所有阶段，同时在睡眠不足的情况下，尽量减少在追赶睡眠过程中所浪费的时间。

利特尔黑尔斯建议，与其以每晚 8 小时为目标，让自己因为没有实现目标而产生焦虑，不如用一个被他称为"90 分钟快速恢复"的概念从更宏观的角度来进行一周规则。

"90 分钟快速恢复"计划的基本假设是，不同的人在一周内需要不同数量的 90 分钟睡眠循环。对大多数人来说，这意味着每晚（6～9 个小时的睡眠中）有 4～6 个循环。在一周的时间里，这就意味着有 28～42 个循环。

与其每晚睡 8 个小时，不如从一周睡满 35 个睡眠循环开始。你可以对自己的睡眠循环进行实验，经过加减，找到自己最理想的状态。你可以将自我校准作为制订个性化计划的指南。

请记住，你的理想循环数会随着季节、训练制度的宏观周期化，甚至是工作、学习或创造性活动的最后期限而发生变化。

睡眠计划

在这里，我们可以看到一个睡眠计划的例子。在创作本书时，伊恩知道自己很可能会熬夜。但他需要确保写作不会对他的韧性和幸福带来负面影响。于是他雄心勃勃地设定了每周 40 个睡眠循环的目标。

与很多人一样，伊恩通常会在午饭后昏昏欲睡，他知道午睡的最佳时间是下午的早些时候。在理想情况下，他应该每天午睡 8～22 分钟。现实情况是，这段时间不太适合打盹，而且工作和家庭的需求经常会阻碍睡眠。尽管他的工作始终没有连贯性，但他始终坚持平均每周小睡 3 次，有时他还会在出租车或飞机上小睡一会儿。

在这一周的例子中，不同的睡眠循环被夜间醒来的孩子所打断。在通常情况下，在经历了一周的忙碌、周六在镇上的狂欢和周日早上的社交活动后，全家人都很疲惫，正好可以利用周日下午的机会补觉。

在一周内使用 10 分钟或 30 分钟睡眠循环计划可以为调整作息提供相当大的灵活性。睡眠计划可以根据现代生活的需求随时进行调整。例如，如果你连续几天都很努力，已经感觉有点反应迟钝了，那就在计划中安排早点上床睡觉，这样就能多睡一个 90 分钟的睡眠循环，或者为周末的下午留出额外的 90 分钟或 30 分钟的时间补充睡眠。

如果你现在还没睡着，那么请继续往下读！

	星期一	星期二	星期三	星期四	星期五	星期六	星期日
☼ 中午							
13:00							
14:00	R30 能量午休			R30	R30		额外补充 R90-34
15:00							
16:00							
17:00							
18:00							
19:00							
20:00	睡前日常						
21:00	入睡目标 R90-1	R90-7	R90-13				R90-35
22:00							
23:00	R90-2	R90-8	R90-14	R90-19	R90-24	R90-29	R90-36
☾ 午夜							
01:00	R90-3	R90-9	R90-15	R90-20	R90-25	R90-30	R90-37
02:00	R90-4	R90-10	R90-16	R90-21	R90-26	R90-31	R90-38
03:00							
04:00	R90-5	R90-11	R90-17	R90-22	R90-27	R90-32	R90-39
05:00	R90-6	R90-12	R90-18	R90-23	R90-28	R90-33	R90-40
06:00							
07:00	清醒目标						
08:00							
09:00							
10:00							
11:00							

利用信号实现元气午睡

打盹是为了补充正常睡眠而进行的恢复活力的短暂睡眠，尤其适用于睡眠不足的时候。

高效小睡的关键在于持续时长。最好在进入深度睡眠前停止打盹，防止形成睡眠惯性（头脑昏昏沉沉或比打盹前更疲劳的感觉）。根据多项研究，理想的打盹时间是10～30分钟。

这种短时间的小睡可以缓解夜间睡眠不良的影响，恢复警觉性，减少压力的影响，提升表现力、记忆力及学习能力。

希腊的一项大型临床研究发现，具有午睡习惯的人死于冠状动脉疾病的可能性要低于没有午睡习惯的人。偶尔小睡的人患病风险会降低12%，而经常小睡的人患病风险能降低37%。

在另一项关于小睡益处的研究中，弗林德斯大学（Flinders University）的安珀·布鲁克斯（Amber Brooks）和莱昂·莱克（Leon Lack）比较了不同小睡时长的睡眠潜伏期、主观睡意、疲劳感、活力及认知表现。他们得出的结论是，理想的小睡时间是10分钟。

- 与没有小睡的对照组相比，5分钟的小睡几乎没有带来任何益处。
- 10分钟的小睡能立即改善所有的指标，其中一些益处的持续时间长达155分钟。
- 20分钟的小睡的益处持续到小睡之后的125分钟。
- 超过30分钟的小睡会导致小睡后立即产生一段时间的警觉性与表现力下降，这表明睡眠具有惯性。

我们并不质疑布鲁克斯和莱克收集的证据，但我们更提倡另一种更加灵活的小睡方式。这种小睡方式是接入你身体的内部信号系统。

实践

第一步

找一个安静、舒适的方，最好是可以伸展身的某个地方，但不是室。

我们承认安静、舒适伸展是相对条件，所以果你只有30分钟乘坐出车穿过繁忙城市的时间，判断自己是否可以信任机（通过更多的信号来断），向司机表示自己需小睡一会儿，然后戴上塞或耳机，准备入睡。

第二步

打开手机的倒数计时器。

第三步

在 8 ～ 30 分钟选定一个适合当下情境的小睡时长。

第四步

享受你的小睡。你可能会在醒来时感到有点睡眠惯性。这是正常的。但如果有太多的惯性，你可能需要训练自己重新调整持续时间，以确保自己不会进入深度睡眠。你也可以考虑改变生活方式，这有助于你在晚上得到更多的休息。

还有个有效的方法，那就是你可以在午睡前喝杯咖啡。

咖啡小睡时光

咖啡中的咖啡因通常需要30分钟左右才能发挥作用，所以建议在小睡前喝杯咖啡，然后享受睡眠。小睡后，咖啡因完全发挥作用有助于你保持清醒、获得最佳效能。这种所谓的"小睡咖啡"已经被证明比打盹或只喝咖啡都更加有效。

不过这个方法也有缺点。咖啡因的半衰期（在体内减少一半所需的时间）因人而异，研究记录显示为1.5～9.5小时。这意味着，如果你在下午享受一杯"小睡咖啡"来提高短期表现，那么你可能会因此失去高质量的夜间睡眠，这取决于你代谢咖啡因的速度。

为睡眠而战

作为一名职业运动员，训练通常非常艰苦，我一天的训练时间（需要持续的努力）是 7 个小时。不休息是不可能维持足够精力的，我已经习惯了在训练间隙小睡，在需要的时候让自己"关机"。每日晨训从早上五点半开始，之后我经常会在车里睡 1 个小时，然后去上班。

我通过运动心理学家的音频记录使用渐进式肌肉放松（Progressive Muscle Relaxation，PMR）技术，来达到深度放松和恢复的目的。他的声音通过 PMR 技术引导我全身放松，我在听录音的时候就会睡着。

比赛前彻夜难眠是很常见的。这不仅是因为神经过度紧张，还可能是因为许多地方噪声太大、灯

劳伦·伯恩斯
（Lauren Burns）

2000 年悉尼奥运会跆拳道金牌得主。她也是一名励志演说家、作家、自然疗法专家（BHSc）、皇家墨尔本理工大学博士，她致力于研究影响优秀运动员表现的因素。

光太亮，或者生活条件不理想。当我经历一个不眠之夜后去参加比赛时，我会提醒自己，我的竞争对手很可能也没有睡好，同样会感到疲劳和兴奋。

一晚没睡是可以控制的，我知道自己可以克服由此引发的疲劳感，但如果是连续几周睡眠不足，情况就完全不同了。

作为职业选手，我们经常要坐飞机，参加一个又一个赛事，所以我们必须抓住路上的任何机会睡觉和休息。

我总是在包里带着柔软的、块状的东西，如运动服或其他衣服，那就是我的应急枕头，我可以随时躺下休息一会儿。我训练自己，只要找到相对安静的地方，我就能舒适地躺下入睡。

即使是在半决赛或决赛之前，我也可以随时躺下小睡，然后醒来准备开始热身。我非常注重过程，我有很多作为竞争对手的经验，我知道什么时候该"关机"，什么时候该"开机"。当我可以休息的时候，我不想浪费任何时间和精力。

知道如何及何时让自己"开机"或"关机"是非常重要的。在赛场上和训练时，我会完全投入。除此之外，我认真工作，开怀大笑，我充满激情，做好计划。在计划中安排休息和恢复与其他事情一样重要。如果你不能做到有效恢复，那么你的个人能力就不可能得到提升。

知道如何及何时让自己"开机"或"关机"是非常重要的。

协调性能

根据昼夜节律休息和睡眠

人类的进化是环境因素的结果，如温度、能量供给、地形、昼夜循环等。我们每个人都携带着经过数百万年发展的进化程序，它决定了我们要在黑暗时休息，而在有光亮时表现活跃。

昼夜节律是生化系统中遵循 24 小时周期的光驱动变化。它对我们的影响往往比我们意识到的要大，而且昼夜节律是双向的，这意味着我们可以通过运动、饮食、工作等活

晚上 7:00—9:00
随着自然光线的减弱（通常情况下），打开人造光，这可能是晚上吃零食和体重增加的一个因素。

晚上 9:00—11:00
傍晚时分，我们开始分泌褪黑素，这会引发疲劳感。此时理想昏暗的灯光时间，即使灵昏暗的光线也会干扰褪黑素的释放。

凌晨 12:00—2:00
褪黑素达到峰值，代谢率下降，神经系统开始恢复，愈合并巩固意识经验。

凌晨 2:00—6:00
新陈代谢持续下降，体温下降。代谢率的降低标志着皮质醇的增加，从而开始一个新的循环。

下午 4:00—6:00
下午经历情绪低落后，反应能力和协调能力提升至最佳状况，这段时间适合进行锻炼、运动或学习运动技能。

下午 2:00
下午 2:00 左右，是一个自然低潮期，许多人感到昏昏欲睡。

上午 10:00—12:00
暴露在非强烈日光下对情绪（状态）有积极的影响，这可能是生化通径恢复身体状态的一系列重要因素。

上午 9:00—10:00
性激素的分泌达到高峰。

上午 6:00—8:00
醒来后，皮质醇开始上升，使我们一整天都充满活力。

11PM 12PM 10PM 9PM 8PM 7PM 6PM 5PM 4PM 3PM 2PM 1PM 12AM 11AM 10AM 9AM 8AM 7AM 6AM 5AM 4AM 3AM 2AM 1AM

动的时间或接触人造光的时间来影响或干扰我们自然的昼夜节律的变化。

了解昼夜节律的基础知识可以帮助我们选择最适合的时间进行活动，从而最大限度地利用每一天。我们再次提醒大家，根据昼夜节律制定的活动时间表没有所谓的普遍适用性，个体总是与一般规律不同。

研究已经证实清晨的阳光能使昼夜节律正常化，所以这是一个良好的开端。这也与尼克·利特尔黑尔斯的方法一致：从一个理想的起床时间开始，然后从该时间点开始制订夜间睡眠计划。

你是云雀还是猫头鹰

正如我们在许多人口研究中看到的，当我们仔细观察昼夜节律时，会发现某些特质。根据所谓的"云雀"或"猫头鹰"的睡眠类型，人们对早上或夜晚的睡眠偏好进行了充分的研究。研究表明，云雀和猫头鹰的日间活动有很大差异。

当然，人类也会因为个人喜好、社交或工作原因而改变自己的睡眠模式，或者由于光线或刺激性物质在无意中打乱自己的自然节律。而这通常会以个人表现、健康或寿命为代价。

要有黑暗

近年来，越来越多的证据显示，人们过多地暴露在发出蓝色光谱人造光的设备下会产生负面后果。

在人类进化的主要进程中，我们已经适应了三种光源的恒定光谱，这三种光源为阳光、月光及火光。日出时，红光占主导地位。随着太阳在天空中上升，蓝色光谱变得更集中，之后随着红色光谱的增加再次减少，并在日落时分达到峰值。

在《熄灯：睡眠、糖与生存》（*Lights Out: Sleep, Sugar and Survival*）一书中，T. S. 威利（T. S. Wiley）和本特·福姆比（Bent Formby）收集了一些证据，证明糖尿病、心脏病、癌症和抑郁症的增加都与一项看似无害的发明有关，那就是灯泡。

人造光中断了古老的光循环，我们内置的光传感系统却还没有足够的时间来适应。灯泡和屏幕会让我们在白天处于一种几乎恒定的激活状态，在本应是黑暗的时候，蓝光则会增加神经递质和激素的分泌。

如果你的家里安装的是普通灯泡，或者更糟的是，使用荧光灯，那么建议你选择购买白炽灯或暖光源的 LED 灯可能会好一些。你甚至可以考虑日落之后在家里戴上防蓝光眼镜。

大多数智能手机都有禁用蓝光的功能。如果你用笔记本电脑，某些应用程序可以设置为自动屏蔽蓝光，使你的笔记本电脑与太阳光谱同步。

然而，光线可能不是手机影响你睡眠的唯一因素。有些人担心，来自手机发射塔、Wi-Fi 设备和枕头下手机的低频电磁波会持续干扰我们体内的细胞，即使是在低频家庭 Wi-Fi 下，也能观察到大脑活动的变化。

公众很重视接触电磁场源对健康产生的影响，为此，世界卫生组织于 1996 年启动了国际电磁场项目。世界卫生组织指出，在过去的 30 年里，大约有 2.5 万篇相关文章发表。根据收集到的证据得出结论，暴露在低水平电磁场中不会产生可测量的健康结果。

最近在睡眠实验室进行的一项双盲随机对照实验证实了其他几项神经生理学研究的结果。研究人员得出的结论是：急性射频辐射对睡眠的宏观结构没有影响。

需要注意的是，尽管家庭 Wi-Fi 风险的证据权重很低，但是要承认一些人对电磁场过敏。更重要的是，如果你认为靠近手机或路由器会影响你的睡眠，那么事实很可能就是这样！你只需采取预防措施：晚上远离或关闭电子设备。

要想睡个好觉，我们建议你不仅要远离手机或把它关掉，而且要让卧室成为一个没有屏幕的区域。你的昼夜节律会在早上等着你。

战胜失眠

你是否还在挣扎着难以入睡

检查：

- ☑ 留意休息和睡眠信号；
- ☑ 使用"R90睡眠计划"来优先安排睡眠时间；
- ☑ 尽可能小睡片刻；
- ☑ 协调活动与昼夜节律；
- ☑ 管理睡前作息，避免蓝光（如屏幕的）和刺激性物质（如咖啡因）的干扰；
- ☑ 保持房间黑暗；
- ☑ 保持房间安静（或把耳朵塞住）；
- ☑ 确保床和被套都很舒适。

该死，该死，该死，真是该死……怎么还是睡不着？

你的思绪仍然活跃。

你可以考虑练习舌抵上腭来减少内心的自言自语，或者像我们在第10章建议的那样，在睡前玩心流游戏。我们发现，心流状态能减少有意识的思考，从而有助于你进入高效睡眠。

如果你的大脑还在快速运转，或者有一个信号一直在引起你的注意，那么你可以和自己约定，先去把事情完成。把你正在思考的所有任务或问题都列出来。做出决定，然后付诸行动。

总是在夜里醒来

当你在半夜醒来时，也许你的注意力又回到了那些待办事项上。

你可以和自己约定，基于我们在第 7 章建立的意识和潜意识之间的框架和融洽关系，处理你的潜意识："潜意识，我要把所有这些任务 / 问题 / 待办事项留到明天早上再处理，这样我就可以体验深度放松的睡眠，没有任何干扰。如果你能好心让我睡觉，我就能快速、有效地入睡。"

如果你对周围环境中的风险因素高度警惕，那么你也可以使用类似的框架。在这种情况下，你可能会担心任何声响打扰你的睡眠。你可以对无意识的表达进行重新训练，例如，"请在有异常声响或其他构成威胁的情况下叫醒我"。

如果你难以入睡，那么是时候和你的潜意识直接对话了："潜意识，你在这个极不恰当的时刻，唤起我的注意，这是为什么？你为什么要叫醒我？"

你得到了什么信号？也许有些事情确实需要你的关注。你可能忘记做某些重要的事情，或者你可能即将取得某项成就。

反复出现的噩梦

反复出现的噩梦是一个复杂的问题。我们在这里介绍的技术可能有所帮助，但你可能需要专业人士的帮助或更全面的方案。通常，我们的潜意识试图以一种符合积极意图的方式将过去的经历加工成记忆，通常是出于未来安全考虑。噩梦中通常蕴含了解决问题的线索。处理这些干扰的过程超出了本书的范围。

醒得太早

对一些人来说，早上进入意识状态是由过度热情的潜意识驱动的。

在睡眠中解决问题的概念并不新鲜。历史上有很多名人在睡眠中获得了重大的发现。

研究人员已经证明，我们每个人都有能力在睡眠中利用声音或气味等刺激来激活无意识的创造力。同样，在进入睡眠前，我们也可以通过仔细的构思来做到这一点，或者

我们也可以只是出于好奇，在不经意间做到这一点。

有一小部分研究是关于所谓的"创造性失眠"的，大部分研究表明创造力可能是睡眠不足的副产品。但是我们发现情况反过来也同样成立。人们有时会比他们希望的时间更早醒来，他们在睡觉时依然在处理问题，灵光一现的时刻将他们从睡眠中拉了出来，进入了意识状态。就像在晚上入睡或保持睡眠状态一样，当你告知潜意识自己的清醒时间时，一定要明确。

睡眠质量还是很差怎么办

也许是时候去看医生了。你可能患有睡眠障碍。

阻塞性睡眠呼吸暂停低通气综合征是一种潜在的严重睡眠障碍，表现为呼吸反复暂停。它可由上呼吸道功能障碍、肥胖或呼吸系统疾病引起，并与心血管疾病和功能障碍相关。如果你打鼾，即使睡了一整晚也会觉得累。

对睡眠的描述

我们在第 2 章提到，我们使用的词语和所讲的故事可以塑造我们的经历，甚至是我们的记忆。我们对睡眠和休息的感知通常也是如此。我们可以说服自己睡眠很差，但实际上睡眠很好，或者在我们明明需要睡觉或休息时，提示自己并不需要！

关于睡眠质量和持续时间的客观数据也可以帮助或阻碍我们的睡眠体验。如果我们的故事与睡眠质量差有关，而数据显示的却是相反的情况（例如，当睡眠实际上比报告中的还要好时），新的叙述可以对后续的睡眠产生影响。换句话说，告诉自己你睡眠不好可能是一个自证预言。通过简单地改变故事，我们可以改变回忆中的睡眠体验。

相反，在人们寻求改善睡眠的过程中，睡眠追踪器变得越来越受欢迎。矛盾的是，它们的使用会让睡眠质量变得更差，因为人们会对自己的数据感到焦虑，甚至痴迷于追求完美。对问题的过分关注往往会导致更多问题，或者我们发现自己陷入了"问题－补救"的恶性循环，同样，对睡眠质量差的过分关注也会加剧失眠。

在本章开始时，我们便指出，神奇的指标并不存在。人都是有个性的，试图根据一个不灵活的模板来设计自己的生活方式是强人所难。我们所面临的挑战是以一种有用的方式整合证据，同时利用我们自己独特的信号满足对韧性、表现及幸福的渴望。

记住，你才是自己的专家，就像所有的专家一样，当然你也会犯错。

我们还需要一个连贯的叙述，它既能支持我们的需求，又能反映证据。我们如何看待睡眠是很重要的，通过改变我们对睡眠和夜间活动的描述，就可能提高睡眠质量。

我们在本书中展示了经验和感知的证据，表明我们的行为模式并非根深蒂固、无法改变。

当然，睡眠和休息也是如此。如果你认为自己睡眠不好，或者更糟，如果你把自己诊断为失眠症患者，那么我们想在你耳边轻声安慰你：你可以像曾经学习走路、吃饭、骑自行车或其他构成你生活方式中有价值的活动一样学习睡眠。

睡眠为我们提供了一个进行清醒活动的平台。它是我们整体生活质量中必不可少的一部分——所有的部分都可以通过设计得到改善。

获得良好的睡眠和休息可能很简单，你只要在一个温暖的下午打个盹就可以了；它也可能很复杂，需要设定规则并不断试错。如果你的睡眠和休息能从这种刻意的设计中获益，那么你就要保持足够的好奇心，去尝试采用不同的方法，最终找到最适合你的方法。与此同时，你还要注意这样一个悖论：你的自言自语和睡眠指标追踪可能会妨碍你做那些对你来说很自然的事情。

12 —

设计生活方式

无论我们的设计是可预测性的还是充满不确定性的，我们都要为甜蜜的惊喜及痛苦的失望做好准备。

韧性的生活方式具有能动性

就像生活本身一样，生活方式是我们与他人及我们与外部环境相互作用的一个不断进化的结果。

通过设计，好的生活方式能使个人能动性最大化。它建立在我们反思过去和现在，以及想象未来的能力之上。而设计生活方式的最终目的是采取行动来塑造我们的人生道路。

要想在一个复杂、动荡的世界中生存和发展，我们就不能随波逐流。当我们说"设计"时，我们指的是一个持续的创造性过程，它可以帮助我们以一种机智和有韧性的方式准备、计划和采取行动。

如果提前为生活中潜在的不利因素做一点准备，那么我们就可以避免在精疲力竭后难以恢复，或者有效应对当前的极端挑战和困难。

重要的是，设计生活方式的重点并不在于设计本身，而是一种对过去的反思和学习，对当下情境的认知，以及对现在和未来的深思熟虑。

设计生活方式的某些元素可能需要详细的规划；其他元素可能更复杂，需要我们灵活运用；而生活中一些未曾关注到的细枝末节则可能受益于我们以心流状态沉浸在不同的环境中。

尽管关于"生活质量"的话题和心理测量标准有很多，但所谓理想的生活方式蓝图其实并不存在。我们建议你不要将自己的生活方式与别人的标准进行比较。在本章的最后，我们会提供一个模板来指导你完成自己生活方式的设计过程。

还有一点值得注意：对某些人来说，他们执着于追求工作与生活的平衡。从某种程度上讲，工作与生活是分离的，而生活质量在某种程度上取决于你是否能在两者之间找到理想的平衡。

要设计出好的生活方式远不只是简单地分配时间和资源来达到一个完美的平衡状态。

它要求我们重新审视
自己的价值观，以及
我们如何为生命中重
要的事物赋予意义。
它将注意力分配给我
们心中最重要的事
情。这种优先级排序
和重新排序类似于医

院里的分诊机制，而不是达到某种平衡。

分诊机制

分诊是根据优先级排序及疾病类型对患者进行分类及治疗的一种制度，可以最大限度地提高就诊效率。分类也是基于对资金和其他资源的最佳利用，使其运用到最需要或最有可能取得成功的地方，为项目分配优先顺序。

毫无疑问，分类是一项有用的技能。尽管在危机状态下不断进行分类会让人感到精疲力竭，但它却可以改善结果。分类原则还可以用于定义生活方式的活动组合。

从某种程度上讲，大多数人都能接受甚至计划在一段时间内故意失衡。这让他们在生活中的某个方面取得进步，而代价是牺牲另一个方面。通过分类，我们可以为特定的需求和结果分配时间和资源。例如，为了完成一个项目，为了获得晋升，你花了长达 6个月的超长工作时间；在上大学之前，你选择先休学一年去旅行，以便发现自己的兴趣所在；你从职场竞争中抽出时间来孕育下一代；你放弃在酒吧的欢乐时光，选择存钱买房。

为了更好地设计生活方式，你要学会质疑与假设，发现生活方式的陷阱，重新设定期望，并勇于挑战公认的规范。

设计生活方式涉及本书中提出的所有培养韧性的技巧。在整个过程中，我们有意识地将注意力从"整体"转移到"部分"，认为思维是具象的和嵌入情境中的，"部分"是人类的子系统，与神经科学的不同细分领域相关。然后，注意力再次回归。我们有意识地采用了一种生态系统的方法来培养个人的适应能力，认识到我们都属于进化系统（环境、组织、文化等）的一部分，并与之密切相关。我们对"设计"过程的关注，包括确保生活中的重要方面（特别是工作、健康、财富和人际关系），与环境意识共同发展，并且以有益的方式增强我们的韧性。

　　然而，如果你的"涅槃"是指躲在一个遥远的洞穴里，只与狗做伴，那么请考虑一下结果。如果你对自己的意图，以及你选择的结果感到满足，并确保你能偿还"洞穴"的抵押贷款，同时你确认这是你经过深思熟虑的结果，那就去享受孤独吧！

　　我们的观点是，每个人都是不同的，每个人理想的生活方式都不一样。你只需要认清自己的时间和资源都花在了哪里。

　　如果到了晚年，你突然意识到自己搞砸了人生中唯一的一次机会，那就停下来吧！享受每一刻，开始过自己想要的生活，永远都不晚。

职场生活

> 没有人会在临终时感叹："我希望自己能多花点时间在办公室。"
>
> ——拉比·哈罗德·库什纳（Rabbi Harold Kushner）

有些人：

- 努力工作，退休后过得很幸福；
- 努力工作，刚退休不久就过世了；
- 努力工作，尽情玩乐，现在仍然玩得很开心；

- 优先寻找乐趣，但在晚年会因健康和财富状况不佳而吃苦；
- 以一种牺牲家庭的方式优先考虑事业；
- 优先考虑一段关系，结果离婚了才发现自己经济窘迫。

究竟多少工作量才是适度的？如何让工作与生活保持平衡？或许这些问题根本就无解。

然而，我们确实把大量的时间和资源投入到了没有产出、没有效率、没有回报，甚至没有目标的活动中。

在商业意义上，战略往往无法有效地指导公司活动，因为它不过是一份极具权威的待办事项清单。设计生活方式也是如此。将分类原则应用到设计生活方式的过程，就是要完成优先级最高的活动。我们可以试着接受这样一个事实：有些事情在当前条件下的确无法做到。

另一个不可思议的情况是，有研究表明，当员工把每天八小时工作制调整为五小时或六小时工作制时，员工的工作效率反而会有所提高。当员工从每周工作五天改为四天时，同样能够提高生产力。当员工要在压缩的时间内完成工作时，人们就很少再把时间用在无用的项目、无效的会议或无效的忙碌上。他们不再浪费时间，而是专心完成重要的事项。

蒂姆·费里斯（Tim Ferris）在其著作《四小时》（Four-Hour）中提出了许多有关工作、时间及目标的思考。他主张一种超高效的工作形式，即只做那些有助于完成目标（如财务、生活方式、健康等）的绝对必要事项。所以，如果你每周只用四个小时完成工作，那么你就会有很多空闲时间来做任何事。

虽然大多数人并不具备每周只工作四小时的条件或创业天赋，但我们仍然可以从费里斯身上学到很多东西。我们从几百条有用的生活方式小技巧中提炼出了三条关键的技巧：

（1）对你的生活负责；

（2）实时校正所做之事的意图；

（3）用证据来评估什么才是最有效的。

在工作中保持韧性，意味着你要明确自己在为什么工作。你要将好处与限制因素都考虑在内，当然也包括风险，然后检查你所做的决定是否真的对自己有意义。

大多数人都会考虑工作明显的好处，如金钱与额外的奖励、工作地点、工作条件、工作时间、角色及晋升机会。

但是你考虑过风险吗？

对于诸如深海捕鱼、地下采矿等极端工作，身体受到伤害的风险是众所周知的。可安全绝不是唯一的风险因素。

很少有人会花时间去思考工作场所的风险因素，直到亲身接触这些工作，尤其是当风险涉及来自队友或上级的威胁时。因此，仔细选择工作地点、上级和同事，可以极大地帮助你提高个人的适应力。

你自己也包括在内！如果你独立创业，而你又是一个特别糟糕的老板，那么你可以考虑提高自己的工作能力，或者干脆放弃吧！说真的，不是每个人都适合创业。无论是自己做老板还是为他人打工，最关键的一点都是：适合。

盖洛普咨询公司（Gallup）对美国 100 多万在职员工进行的一项调查结论显示，人们辞职的首要原因是糟糕的老板或顶头上司；在自愿离职的员工中，75% 的人表示对职位本身没有任何不满。因此，问题的关键在于如何向上管理。

领导者应当在工作场所营造让人感到安全的氛围，员工的安全感在很大程度上源于心理层面的安全。如果员工不能畅所欲言，那么作为企业最有效的风险控制机制，员工将无法发挥作用。

在职场中身处一个时刻受到威胁的岗位，是毫无韧性的。请记住，除了忍受糟糕的工作环境，你还可以积极地改变工作场所的性质，或者你也可以选择离开——尤其是当工作压力很大的时候。

最近，我们向多位专家询问了以下问题：不同需求的人需要具备什么特质才能在工作中茁壮成长？

得到的答案令我们感到惊讶。事实证明，只要拥有正确的意图，个人、团队或组织就能呈现出韧性及高绩效的表现，人们就能在工作中茁壮成长。

要打造一个令人心安的职场环境，并且满足每个人的需求，需要具备两个关键因素：参与决策与合理调整。

参与决策与合理调整

所谓合理调整，是指我们应该对工作场所做出合理的调整，这样在身体、心理、文化等方面存在差异的人都不会受到歧视。

这意味着更灵活的工作安排，例如，为听觉敏感的人设置安静的工作空间，这可能意味着为人们提供不受干扰的时间和空间，让他们在心流状态下工作；还可能意味着帮助残障人士消除环境障碍，顺利完成工作。

合理的调整也为员工和雇主之间实现高质量对话提供了框架，因为双方共同创造了一种可以协商的工作方式。

这种让员工参与决策的对话，可以改进现代组织的许多战略决策、目标及绩效考核标准。沟通不再是自上而下的命令和控制，而是更加脚踏实地的参与和共创。

埃琳·凯利（Erin Kelly）和菲莉丝·莫恩（Phyllis Moen）在《超负荷》（Overload）一书中记录了他们如何衡量一家"世界 500 强"公司的工作倦怠及员工留任情况。他们让一个小组专注于重新设计工作，让员工在工作方式和工作地点上有更多的灵活性，并且改变了绩效考核方式。另一组则继续按照原有模式运作，一切如常。

重新设计组的员工报告说，压力和倦怠程度明显减小了，4 年间工作留任率增长了40%。那些选择离开的人令公司付出了巨大的代价，公司不得不支付流失员工的成本。

危机是变革的熔炉

在新冠疫情发生期间，居家办公成为全球趋势。起初，人们担心这会影响工作效率，但许多雇主发现，当员工不被办公室的环境分心，也不用忍受漫长的通勤时间时，工作效率反而有所提高。

在日常管理中，少就是多，更少的管理、更少的会议及更少的指导往往会带来更高的生产力。当然，也并非所有情况都是如此。有些人更喜欢或需要明确而精准的方向。对一些人来说，去中心化的工作场所极具挑战性和孤立性。有些人在家里有一间独立的办公室，可以不受打扰地工作；而另一些人则不得不在餐桌上临时设置一个工作区，而孩子们就在周围蹦蹦跳跳。

除了创新的压力之外，紧迫感帮助企业建立了相互信任的关系。这些新的、更灵活的安排不但没有削弱生产力，反而帮助团队和组织优化了绩效，增强了韧性。通过公开对话，雇主和雇员一起努力找到了在保障员工健康和福利的同时创造或增加价值的方法。

遗憾的是，一些组织在应对新冠病毒时却走上了另一条道路。特殊环境下的不良适应力凸显了企业原有的文化与战略弱点，有些公司直接在压力下倒闭。

部落主义

社会孤立被描述为 21 世纪新出现的"瘟疫"。我们与现代"部落"隔绝，常常有一种在数字海洋中漂泊的感觉。创建包容性社区是一剂解药，而且，无论我们是在线工作还是在同一个工作场所工作，包容性都是高效的企业文化的关键。

在恰当的情境下，同一个部落内部普遍具有韧性。毕竟，从史前时代起，部落主义就已经是人类进化的一部分，自然有其独特的优势。

我们需要记住的是，强大的部落有一种保护屏障。而在现代复杂的、相互关联且具有高度流动性的组织和社会中，确保"部落"边界的非封闭性，对新思想的流动非常重要。

对个人的韧性来说，弄清在自己的文化或工作环境中，什么样的"部落"占主导地位是很重要的。"部落"规则是什么？"部落"之间是否有足够的人员及知识交流，或者

"部落"之间是否处于战争状态？在工作或其他社会环境中，是否有机会真正融入文化？

我们认识到，这并不意味着一定要共享某个实体工作场所。谷歌（Google）和艾特莱森（Atlassian）等跨国公司经过广泛的研究发现，只要条件合适，就可以建立牢固的工作关系和社会联系，所以虚拟团队的效率可以与那些在同一地点办公的团队一样高。

许多人能够将工作、家庭和社会活动完美地结合起来。在评估加入一个工作场所或一个社会团体的好处、限制及风险时，请问问自己，"部落"规则是什么？你认为包容性决策及合理调整有什么价值？

关系问题

塑造韧性的一个重要因素是他人的支持。坚韧的人通常有坚韧的人际关系作为支撑。你的人际关系是支持性的还是破坏性的？

在一项关于精英运动员表现的影响因素的研究中，奥运会金牌得主劳伦·伯恩斯（Lauren Burns）描述了支持性人际关系在良好表现中的重要作用。她认为，高质量的人际关系可以引发积极的生理变化，提高人们对压力的适应力，从而提高表现。来自朋友和爱人的支持可以帮助人们在面对失败、受伤、生病和高强度活动时建立韧性。

伯恩斯指出，重要的是，糟糕的人际关系和社会结构（如欺凌、骚扰和排挤），以及性暴力或身体暴力，都可能导致一系列负面结果。

人际关系的质量对于那些处于高风险职位或具有挑战性的一线工作者来说尤为重要。关系的质量既可以建立韧性，也可能导致倦怠。

研究人员发现，社会孤立与生活满意度低、工作压力大及药物滥用风险上升之间存在直接联系。

我们永远不可能知道未来会发生什么，但有韧性的生活方式却能帮助我们为生活带来的一切做好准备。

时间成本

> 一件事情的成本，在于需要花费多少生命去交换，无论就眼下还是长远而言。
>
> ——亨利·戴维·梭罗（Herry David Thoreau）

梭罗写下这句话的时候，人们的预期寿命比现在要低得多。梭罗于 1862 年去世，享年 44 岁，我们认为他一生都极其珍视自己的每分每秒。我们的预期寿命已经延长到将近 80 岁，但我们是否把生命当作宝贵的东西来对待呢？在一生中，我们利用时间的方式可能与我们想象中的完全不同。以下是对某件事的时间成本做出的估算。我们希望这些统计数字能让你重新考虑自己准备花多少时间来做某些事。

如果你平均每天看 2.5 小时电视（一个保守估计），那么你一生就要花费 8 年以上的时间盯着电视。

如果你从 21 岁开始，每周在酒吧待 8 小时，那就意味着你一共会在酒吧花费超过 2 年的时间。

如果从 21 岁开始全职工作（每年有 4 周的假期），那就意味着你至少要连续工作 11 年（即使大部分时间你都没有全身心地投入工作）。

在这连续的 11 年里，你会花费多少时间开会？

据估计，仅在美国，每天就有 1100 万场会议。

每天通勤时间 1 小时可能会额外消耗 1.3 年的寿命。

根据普通的使用模式，你一生中可能至少要花 4 年的时间使用智能手机。

2018 年的一项评估显示，美国人平均每天要花 9 小时看电子屏幕。2019 年，这一时间跃升至 10 小时。2020 年，美国成年人平均每天花在数字媒体上的时间超过 13 小时。

每晚 7 小时的睡眠意味着你将在床上度过 23 年的时间。

关于财富和健康的真实观点

在《事实》（*Factfulness*）一书中，汉斯·罗斯林（Hans Rosling）对全球贫困问题提出了一个发人深省但又充满希望的描述。

罗斯林说，如今世界比历史上任何时候的情况都要好得多。时至今日，大多数最初被列为发展中国家的国家都达到了 1965 年的发达国家标准，大多数国家的财富和健康状况都在改善。罗斯林继续挑战贫富差距的神话，他将财富划分为四个收入群体。

级别 1　每天的收入不到 2 美元

- 家庭中有 4 ～ 7 个孩子。
- 赤脚走一个多小时去取水。
- 花时间收集新鲜木材。
- 如果不受干旱影响，可以准备一顿简单的饭。
- 因为无法获得医疗服务，儿童死亡率很高。
- 大约有 10 亿人过着这样的生活。
- 如果农作物长势很好，每天能赚 2 美元以上，就可以进入下一个收入级别。

级别 2　每天的收入为 2 ～ 8 美元

- 家庭中有 2 ～ 4 个孩子。
- 可以购买凉鞋、自行车，离水源不到 30 分钟的骑行距离。
- 可以用煤气炉做饭。
- 可以购买食物，养鸡，吃鸡蛋。
- 医疗服务仍然不稳定，一场疾病可能耗尽积蓄。
- 大约有 30 亿人过着这样的生活。
- 如果能在当地找到一份工作，将是第一个带工资回家的人，可以进入下一个收入级别。

级别 3　每天的收入为 8 ～ 32 美元

- 家庭中大约有 2 个孩子，每个孩子都能接受教育。
- 可以安装水龙头。
- 电力稳定，儿童教育水平较高。
- 拥有一辆摩托车意味着可以去工作报酬更高的地方。
- 医疗保健和子女教育是优先事项，收入和储蓄足以提供一定的韧性。
- 大约有 20 亿人过着这样的生活。
- 更好的工作意味着可以把钱存起来并投资教育，这样收入水平就能上升到下一个级别。

级别 4　每天的收入超过 32 美元

- 家庭中有 1 ～ 2 个孩子，将接受 12 年或 12 年以上的教育。
- 可以获得清洁的饮用水和稳定的电力。
- 每个月至少在餐厅吃一次饭，而且有车代步。
- 储蓄和医疗保健提供了很强的韧性。
- 大约有 10 亿人过着这样的生活。
- 级别 4 的人很难理解世界上其他人的现实生活。

基于 2017 年世界人口的 4 种收入水平和生活方式（罗斯林于 2019 年后做出了修改）。每人每日收入以美元计。每个小人代表 10 亿人口。

如果你此时正在读这本书，那么几乎可以肯定的是，你的收入属于级别 4，而且可以享受较高水平的医疗健康保障。当然，每天 32 美元以上的收入范围很大，而且财富是相对的。

如果运用得当，即使是少量资本也可以增强韧性。这可能意味着储蓄账户的规模虽小，却在不断增长；也可能意味着对自己或孩子的教育进行投资；它甚至可能意味着买一辆自行车来帮助你收集水源，或者养鸡来获得鸡蛋和肉。

罗斯林认为，基于事实的世界观比戏剧化的世界观制造的压力和绝望更少，因为戏剧化的世界观是如此消极和可怕。请记住，一个人每天只需要 3 美元就可以从级别 1 提升到级别 2。

财务韧性

对一些人来说，提到钱就会想到生活必需品：食物和住所。

对一些人来说，对金钱方面的担忧是如此深刻，以至于在努力满足财务需求的同时，痛苦的感觉也在随之增加。

说到财务韧性，诀窍是手里总要留一些可供支配的钱——金额最好超过日常需要，以备急用。

有许多途径可以达到这种程度的财务韧性。在正确的时间和正确的地点，发现并抓住机会非常重要。然而，如果通往财富的道路看起来好得不真实，那就要小心了。天上不会掉馅饼。欺诈和骗局充斥着社会和社交媒体，伺机利用人们对轻松赚钱的渴望。骗子善于通过花言巧语，利用我们的认知偏差骗取钱财。老年人尤其容易成为目标，骗子利用了他们的孤独感和社交孤立感。在美国独立生活的年轻人中，约有 5.6% 的人会遭遇骗局，这相当于每 18 个人中就有 1 个人被骗。

我们从那些富有的人（出身富裕并不包括在内）身上发现的启发或模式之一是，花的钱要比赚的钱少，把余下的一部分用于投资，其余的存起来。

对于那些达到罗斯林描述的级别 4（每天收入超过 32 美元）的人来说，以下实用的建议可以帮助他们实现财务独立：

- 优先处理所有债务；
- 住在离工作地点较近的地方或在家工作；
- 不要借钱买车，尽可能使用自行车；
- 取消自动续费的订阅；
- 不要在生活用品上浪费钱；
- 不要过分溺爱孩子；
- 避免购买价格高昂的手机；
- 当心对便利的依赖；
- 做一份副业来赚取额外的收入。

与其他建议一样，如果这并不适合你的个人情况或不符合你的价值观，那就忽

美国第一资本银行最近的一项调查发现

77%

77% 的美国人对他们的财务状况感到焦虑。

58%

58% 的人感觉财务控制了他们的生活。

52%

52% 的人难以控制与金钱相关的担忧。

43%

43% 的人因为金钱带来的压力而感到疲惫。

42%

42% 的人因为金钱相关的压力而难以集中精力工作。

略它。

如果储蓄或节俭生活是财富方程式的一半，那么增加收入就是另一半。有两种方法可以做到这一点：要么找一份薪水更高的工作，要么投资一些有高回报可能性的金融产品。

我们在业务中惯常使用的一种方法是纳西姆·塔勒布（Nassim Taleb）在《反脆弱》（*Antifragile*）一书中描述的"投资杠铃"。杠铃的比喻代表了风险与回报在投资组合或商业风险中的分配。这种方法多用于投资极低风险（低回报）和极高风险（高回报）两种极端情况，跳过了中间的平均风险选项。

同样重要的是要认识到，塔勒布是一名专业的交易员，拥有数学博士学位。他有资格对杠铃两端的机会，以一种我们很多人无法做到的方式进行评估，所以我们在做投资决定时要谨慎。

请记住以下两条建议。

- 永远不要玩自己负担不起的"游戏"。
- 分散风险，不要把所有的鸡蛋都放在同一个篮子里。

如果你没有交易经验，那么你可能希望获取专业的金融建议为你指明方向。伯顿·马尔基尔（Burton Malkiel）的畅销书《漫步华尔街》（*A Random Walk Down Wall Street*）可能会是个不错的选择，这本书的销量超过 150 万册。马尔基尔的中心思想是：大多数金融顾问的表现并不比一只被蒙住眼睛的黑猩猩向股票投飞镖要好多少。就像投资股票一样，不要把所有的赌注都押在一匹马（交易员）上。多听取不同的意见，永远记住，投资是一场赌博，没有绝对的赌注。

如果你决定通过交易让自己变得富有，下面这些发人深省的数据可能对你有所帮助。

- 所有的交易者都有一个相同的梦想：快速致富。
- 只有大约 1% 的交易员会从其余 99% 的亏损交易者中获利。
- 5 年后，只有 7% 的股票仍在上市交易。

- 40% 的交易只有 1 个月的时长。
- 80% 的人会在两年内辞职。

我们还警告你千万不要相信任何销售交易系统的人。如果有人声称自己有能让你赚钱的系统，那他们为什么要推销给你，他们本可以自己享受财富和美好的时光。

无论你决定如何理财，毫无疑问，一个空空如也的银行账户或无法偿还的债务都不是韧性的条件。每周做预算和记录收支可能会很无聊，但无聊总比彻夜难眠要好。

小心生活方式的陷阱

生活方式的陷阱会限制我们的自由和选择。有些陷阱对我们来说显而易见，例如，我们必须支付抵押贷款和偿还我们为买车和度假而欠下的债务。其他陷阱往往隐藏在我们的意识之外，例如，我们对家庭义务的信念，或者文化规范。

有时这些陷阱会悄悄降临到我们身上。例如，当收入增长时，我们也会增加对物质财富的期望。我们承担了越来越多的承诺来支持一种让我们变得脆弱的生活方式。当我们想要改变或需要从目前的生活方式中挣脱时，我们会发现自己被困住了。

文化陷阱

- 文化陷阱通常是微妙的期望或信仰，我们所持有和接受的是属于一个群体的必要条件。
- 加入帮派对那些即将长大成人的青少年来说尤其危险，因为他们正在寻求身份认同。在美国，大约有20%的城市杀人案与帮派有关，许多寻找归属感的年轻人最终走上了犯罪的道路。
- 我们很容易接受自己赖以生存的文化习俗，而不去质疑或挑战它们。我们总是可以选择退出的。

金钱陷阱

- 税收准备不足。
- 习惯于靠信用卡维持生活，而非收入。
- 在结束使用某项服务很久之后，续订仍在持续扣款。
- 出于习惯而花钱，而不是出于需要。
- 出于无聊而花钱。
- 为便利而花钱，习惯于即时满足。

需要遵循的健康法则

健康法则如下。

- 做某件事的结果是什么？
- 我是否可以选择某种低风险、可循证的方式？
- 我需要何种支持？
- 有什么证据可以证明我所做的是有效的？
- 治疗对我有效吗？
- 我是否在自己的幸福中扮演了积极的角色？

- 我的生活方式有利于健康吗?
- 在这种情况下,医生会怎么做?

生活中总有起起落落

说实话,我经常很难应对所有的工作量。虽然我感觉很挣扎,但我还是没有想清楚要如何管理生活。我不太愿意用"管理"这个词，因为那会让生活看起来也像工作一样。不可否认的是，有些日子很枯燥乏味，但我对自己所扮演的角色感到十分满意。

为了掌控一切，通常来说，我每天都会试着寻找有趣和令我兴奋的时刻，同时也把我的注意力放在三个原则上：目标、关系及想法。

就目标而言，我是否在为他人提供服务，是否谦卑，是否做到了不看轻自己，也不只为自己着想？

我的人际关系有意义吗，不管是工作关系还是社交关系？

这项任务或活动是否会耗尽我的精力？如果它能激励我，那我打算投入更多精力；如果它让我疲惫不堪，那我就要找到更好的参与方式，或者把它交给能驾驭它的人。

维奈·奈尔
（Vinay Nair）

沃顿商学院教授，TIFIN 集团联合创始人、首席执行官兼董事长，该集团拥有 10 家运营公司和 120 名员工。他有 3 个年幼的孩子，分别是 4 岁、6 岁和 8 岁。他热爱滑雪和钓鱼。

很明显，我们会把更多的时间花在自己喜欢做的事情上，而不是不喜欢做的事情上。

在公司里，我们经常会与来自不同业务部门的人共同参与某些项目。重要的因素在于关系，而不是某个特定的项目。我们的比喻是，大家都向同一个火堆里添柴，而不是烧起很多个火堆。

我之前在纽约经营一家公司。随着时间的推移，我意识到纽约会消耗我太多精力，我应该换个环境，于是我搬到了科罗拉多州的山城博尔德。有人认为我的决定过于偏激，但我如实评估了这项决定的负面影响及最糟糕的情况。我得出的结论是，我们总是可以搬回纽约的，如果真的搬回去，我们也会对那里的生活有新的看法。

很多时候，人们对改变的恐惧远大于对实际做出改变的恐惧。随着年龄的增长，你会产生更多的惰性，因此需要有意识地让新事物进入你的生活。

我们能做的最好的事情就是着眼于现在，并为不利方面做好准备。永远为意外做好准备！

把家庭或公司带到一个新的城市可能的确很困难，因为人们的习惯根深蒂固。我意识到，自己总是忙于说服别人，而忽视了问题本身及我自己的变化！

当一天结束后，有一件事是可逆的，那就是你总是能回家去。

说到孩子们，我优先考虑的不是我和他们在一起的时间有多长，而是他们是否依赖我。当我和他们在一起时，我就认真地陪伴他们，不会分散注意力。我会专门抽出时间陪伴家人，我和妻子每两周促膝长谈一次，我们约定在这个时间不去讨论工作或孩子的事。

我的工作总是在忙碌和非常忙碌之间起伏不定，我的团队虔诚地遵循着《这就是OKR》（*Measure What Matters*）一书中的方法。

一般来说，我的员工每周的工作目标不超过 5 个，主要成果不超过 3 个。每周专注于 1 ~ 3 个任务就足够了，尤其是每周至少完成一个高价值的任务。我们还在试行下午 5:30 以后不工作（包括打工作电话或发邮件）的新规定。重要的是，人们能够平等地充分利用他们的工作时间和非工作时间。

我个人的日程安排包括每周至少与团队成员共进晚餐两次。这有助于改善人际关系，并且已经成为我每周必不可少的一部分。

我每周有 3 个上午进行运动，如远足、打网球或练气功。我会在每天早上冥想，也会定期写日记。我最近在日记中写道："我怎样才能使自己的生活更简单一些？"我得到的答案是："减少在我生命中出现的人的数量,把更多的注意力放在那些重要的人身上。"

我还意识到,偶尔可以吃外卖,不必每次都吃奢侈的正餐。我认为这一切都归结于对基本事物的欣赏,如高质量的人际关系。

如果你在 5 年后对生活进行回顾,你很可能已经处于一个无法预测的位置。我们所能做的最好的事就是着眼于现在,为不利方面做好准备。永远为意外做好准备!

也许 5 年后我会过上梦想中的生活,可以多去旅行或多与朋友待在一起。我可能不再参与事务性工作,也不再把生活看得那么严肃!但在那之前,它还是一项正在进行中的工作。

设计生活方式

了解对你来说什么是最重要的,了解生活的各个方面是如何相互支持的,有助于你合理分配时间和资源。

设计生活方式的目的是帮助你制定一个全面的方案,让你过上自己想要的生活。这个模板可以用来评估你目前的生活,确定行动并跟踪进步的方法,它能帮助你在不知所措时采取行动。

元素:妻子　　　　　　得分:5

目的:爱和幸福

行动:承诺在周五晚上完成工作。
周六和妻子共进早餐,而不是回复邮件。

开始

首先,选择对你来说最重要的 10 个生活方式的元素。这些元素可以是一段关系、一份工作、一项爱好或休闲活动，也可以是你生活中任何你认为重要的事情。但要具体。

你既可以选择一个你在生活中已经拥有的元素，也可以选择一个你目前所缺失的元素。你可以借机反思什么才是重要的。

对于你选择的每个元素，询问自己如下问题。

- 当我拥有这项（元素）时，我会看到什么？
- 当我拥有这项（元素）时，我会听到什么？
- 当我拥有这项（元素）时，我会感觉到什么？
- 当我拥有这项（元素）时，我会尝到或闻到什么？

如果你已经有了答案，那就再问自己一个关于目的的问题。

- 当我的生活中拥有了这种元素，会有什么好处？

这些问题将帮助你进入一种已经获得结果的状态。它们也会帮助你确定你在生活中优先考虑这一元素的积极意图。

举例来说：

"我的妻子是我生命中最重要的部分。我喜欢看到她的笑脸和听到她的笑声。当我和她在一起的时候，我感觉神清气爽。我觉得和她在一起才是快乐和幸福的。"

请对每个元素都重复进行这一具体化的可视过程，并检查是否有所遗漏。

如果你有几十项元素，那就努力将其减少到 10 项以下，因为你需要将这些项目组合在一起。例如，你可能会从"花时间和每个孩子在一起"变成"花时间和孩子们在一起"。

接下来，为你目前所确定的每个元素进行满意度打分：0 分表示完全不满意，10 分表示非常满意。确保 10 分是可实现的现实目标。

在你选择的每个元素之间移动，在你移动的过程中将这些元素与你的生活联系起来。确定你的意图，给清单上的每个元素打分。

完成之后，这就像一张地图，它确定了你今天的生活方式，并确定了你想要实现的目标。

接下来，看看满意度得分。对于你生活中每个得分较低的元素，确定一个你可以在未来 3 天内做出行动并提高分数的元素。行动要具体，与其说"花更多时间和妻子在一起"，不如说"周六一起去公园散步"，或者"周五一起外出就餐和看电影"。

这些行为有什么后果吗？

当你计划在未来的某个时间采取这些行动时，你可以在相关状态中感受、听到或看到行动、收获结果。从本质上讲，这就是我们之前描述的"结果 – 意图 – 后果"模式，现在请将它应用到你生活方式的每个元素上。

当你对某项行动感到满意时，把它写下来。对每个得分较低的元素重复相同的过程。

接下来，确定一项你可以在接下来的 3 个月内做出行动或改变的元素，它可能会对你的生活方式的多个方面产生较大影响。重要的是，当下你如何制订行动计划？

例如，如果你在社交、户外运动和旅行上得分较低，一个解决方法可能是与你最好的朋友和家人一起去露营。如果你邀请更多的家庭加入你的圈子，你的分数可能还会更高。

下一步，采取行动。现在就行动，联系你最好的朋友。不要只做计划，现在就行动起来。

当你考虑到自己想要做出的改变时，你可能会发现你需要减少一些生活中的琐事，为优先级更高的事情腾出空间。记住，设计生活方式更多的是关于分类，而不是平衡，分类的核心是决定做什么或不做什么。此外，你还要记住休息和睡眠的重要性。

最后也是最重要的一步是，承诺按照你为自己设计的生活方式生活。必要时重新审视并修改你的计划。

重要的是要意识到，你所选择的元素会随着时间的推移而变化。优先事项也会随着生活方式的改变而改变。接下来，我们提供了一个模板，你可以随时重新填写和修改。

生活方式设计模板

我可以采取什么行动对其中的多项元素产生影响？

元素：	得分：
目的：	
行动：	

元素：	得分：
目的：	
行动：	

元素：	得分：
目的：	
行动：	

元素: 　　得分:
目的:
行动:

元素: 　　得分:
目的:
行动:

元素: 　　得分:
目的:
行动:

元素: 　　得分:
目的:
行动:

**设计
生活方式**

元素: 　　得分:
目的:
行动:

元素: 　　得分:
目的:
行动:

元素: 　　得分:
目的:
行动:

督促自己迈出第一步

在一项比较专家和新手定向运动员策略的研究中，由戴维·埃克尔斯（David Eccles）领导的研究小组发现，经验丰富的定向运动员会在移动时频繁地看地图。他们待在原地的时间明显少于经验较少的新人。

本研究为通过设计创造生活方式提供了一个重要的启示。知道自己在哪里是开始的关键所在。在我们能够明确方向和路径之前，我们需要在前进的同时不断确定自己的方向。只要你在重要的事情上不失去动力，那么即使暂停也是可以的。

实施变革的挑战在于开始行动和保持势头。

有时，开始行动会有一个明显的障碍。你需要：

☑ 确定迈出的第一步足够小；

☑ 考虑到二次获益；

☑ 知道这一改变非常重要，而且不会分散你对更紧迫的问题的注意力；

☑ 有足够的支持或具有管理的背景，这些可以帮助你迈出第一步。

有多少人在 1 月份刚刚办理了健身房会员卡并购买了一双新的运动鞋，结果 2 月份就放弃了？如果你发现自己很难保持势头，那么你需要：

☑ 只做一些小的、可控的改变，而不是追求完美；

☑ 知道结果的背后有一个令人信服的意图；

☑ 知道结果是自然发生的，而不是别人希望你改变的。

除此之外，将你的地图和首选方向与戴夫·斯诺登开发的肯尼芬框架联系起来。

假设你计划每周去健身房四次，但你发现这太累了，而且费用昂贵，或者你在繁忙的日程中根本无暇健身。一个替代选项是，你每周在午餐时间游泳三次，而这次你的计划得以实施了。由此可见，你应该做一些可能实现的事情。随着时间的推移，你可以转向更接近你真正意图的活动。

在《助推》(*Nudge*) 一书中，理查德·塞勒（Richard Thaler）与卡斯·桑斯坦（Cass Sunstein）指出了理想的理性人与现实中稀奇古怪的人类之间的重要区别。我们并不是都能明智地为自己的未来进行储蓄、锻炼，我们甚至做不到和那些关心我们利益的人在一起。

塞勒和桑斯坦专注于通过助推，采取小的、可管理的步骤，以及他们所称的"选择架构"来改变习惯。

选择架构是一个术语，最初用来描述如何向消费者提供选择，以影响或助推他们走向特定的方向，例如，顾客从菜单上选择特定的菜品。同样的模式也适用于个人选择，让某些行动更容易或更困难。这涉及管理你的现状，为你的坏习惯制造障碍，并让理想的选择成为更容易被选择的默认选项。例如，如果你发现自己一边吃甜食，一边试图控制体重（但失败了），那么你可能会做以下事情。

- 购物前先吃饱。这有助于你轻松抵御垃圾食品的诱惑。在超市就进行干预，而不是回家再管好打开冰箱门的手。
- 让全家人都加入你的营养计划。
- 花些时间做计划，甚至提前备好饭菜和健康食品。让健康食品比垃圾食品更易获得且更加美味。

上述方法可以被应用到生活的方方面面。例如，储蓄就有"为明天存更多"这类助推行为。这样做的目的是鼓励人们在工资上涨时存钱，这样做不会对生活造成太大的影响。

另一个帮助你兑现承诺的策略是把你的计划告诉每个人。你可以公布你的进度并公开承认任何违规的行为。你还可以制定鼓励良好行为和抑制不良行为的策略，帮助你坚持计划。

最后要注意的是，当心傻瓜的选择。

傻瓜的差事：毫无成功希望的任务或活动。

愚人的金子：闪光的不都是金子。

设定目标的一个问题是，人们过于强调光鲜的目标，而对过程或生活本身不够重视。

如果你想为自己创造不平凡的人生，那么我们祝你好运。我们自己也渴望如此。但我们认识到，我们必须使这些愿望符合我们居住和共同创造的生态系统的条件。在任何极端的努力下，韧性都有被削弱的风险，就像心流成瘾者在极限运动中不断挑战自己的生理极限一样。

傻瓜的常态：试图根据统计数据来判断。

如果追求卓越是有风险的，那么试图成为"普通人"可能更危险。太多人被置于或让自己处于不必要的压力之下，以顺应或融入社会。

尽管我们承认，这种适应力应该是有韧性的，至少在短时间内如此，但试图把一个圆钉塞进·个方孔总是一项挑战（通常都是行不通的）。

生活就像一盒巧克力

生活是否像一盒巧克力，取决于盒子里的巧克力及盒子所处的环境。

大多数巧克力盒上都标明了巧克力的口味。如果你选择不看包装就直接吃盒子里的巧克力，那么当你想吃到一块榛仁巧克力，却发现自己被一种看起来像卡门·米兰达 ①（Carmen Miranda）头顶的水果帽子里会出现的东西噎住时，请不要惊讶。因为包装上标

———————————

① 巴西著名的歌手、演员，头上戴着镶满水果和鲜花的帽子是她的一个经典造型。——译者注

注着"橘子口味"。

对韧性而言，更重要的是：你有足够的自主权来选择吃或不吃巧克力吗？

如果你选择了一块并不符合你口味的巧克力，那么你能从中汲取教训，不再吃同样口味的巧克力吗？

也许盒子里都是可怕的水果味巧克力。当所有的证据都表明你会一遍又一遍地获得相同的体验时，你会继续沉浸其中，还是希望得到不同的体验？

《阿甘正传》（Forrest Gump）一经上映便广受好评，赢得了包括奥斯卡奖和金球奖在内的多项荣誉。影片中对阿甘的刻画也受到了一些强烈反对，故事发生在 20 世纪 50 年代，阿甘是一个来自亚拉巴马州的智障青年。

他天真、善良的天性，对种族歧视的抵制，以及不可思议的坚韧和幸运的生活，与美国历史上许多标志性的动荡时刻交织在一起。

批评者认为，《阿甘正传》展现了一种危险的幻想，在这种幻想中，种族、政治、体制及战争等棘手的问题都变得无关紧要。

对其他人来说，这是一个鼓舞人心的故事，讲述了有关坚韧和爱的故事。

从我们的角度来看，故事是一种生活方式的隐喻，它接近生活的某些方面。

与阿甘一样，在一些原则或启发的指导下，带着一种不自觉的意识进入心流状态，漫步在我们复杂的，有时甚至是动荡的世界中，是高度韧性的生活方式之一。从多个角度看待情境也常常对我们有益；有时，我们要把理性与直觉谨慎地结合起来，同时要有计划、有秩序地做出反应，对不确定的情况进行更具试探性的调查。

一种精心设计的生活方式有时意味闭着眼睛把手伸进巧克力盒子里，然后等待惊喜；在其他时候，这可能意味着仔细阅读食品说明并谨慎地做出选择。无论我们的设计是可预测性的还是充满不确定性的，我们都要为甜蜜的惊喜及痛苦的失望做好准备。

我们喜欢一盒有选择余地的混合口味的巧克力。如果生活像一盒单一口味的巧克力，那该有多么沉闷。而像卡门·米兰达水果帽一样的果味巧克力，则各有各的味道！

妈妈常说:"生活就像一盒巧克力,你永远不知道下一颗是什么味道。"

——《阿甘正传》

01. 正视压力
中间有一颗美味的坚果,你可以品尝到自由的味道。

02. 构建意义
这是一种奇妙的美味组合,气味和口感都很不错。

03. 改变思考与行为模式
完美融合,冲击灵魂,直抵心灵。

04. 调整状态
一口令人震惊的美味佳肴,一定会让你欣喜若狂。

05. 转换认知视角
有一颗坚果被包裹在软心内,还是软心内有一颗坚果?

06. 重视情境因素
外面包裹着一层纯巧克力外壳,里面是复杂的奶油夹心。

07. 识别信号
简单地说,你身体里的每一根神经都在大声唤起你的注意。

08. 建立内在动机
扑鼻的香气,无与伦比的快乐。

09. 发展重构技能
不需要坚硬的口感,这种嚼劲十足的口感会让你走得更远。

10. 塑造心流时刻
怀揣愉悦的心情,带你去一个时间静止的安静之处。

11. 刻意暂停
下午和傍晚时分的美味,令人心旷神怡。

12. 设计生活方式
这是卡门·米兰达的水果帽子吗?

版 权 声 明

Resilience by Design: How to Survive and Thrive in a Complex and Turbulent World by Ian Snape and Mike Weeks, ISBN: 9781119794936. Copyright © 2022 by Frontline Mind, LLC.

All Rights Reserved. Published by John Wiley & Sons, Inc., Hoboken, New Jersey. No part of this book may be reproduced in any form without the written permission of the original copyrights holder. Copies of this book sold without a Wiley sticker on the cover are unauthorized and illegal.

本书中文简体版由John Wiley & Sons, Inc公司授权人民邮电出版社独家出版，Copyright © 2024。未经许可，不得以任何手段和形式复制或抄袭本书内容。

本书封底贴有Wiley防伪标签，无标签者不得销售。版权所有，侵权必究。

著作权合同登记号 图字：01-2022-1878号